地下滴灌
农田水分高效管理

郭少磊 著

DIXIA DIGUAN
NONGTIAN SHUIFEN GAOXIAO GUANLI

·北京·

内 容 提 要

本书针对地下滴灌在推广应用过程中遇到的灌溉计划拟定与根系入侵等问题，以大田试验和精细室内试验为基础开展研究。本书主要介绍了地下滴灌土壤水分监测方法；适用于地下滴灌土壤水分监测装置的关键技术参数及其确定方法；试验研究地下滴灌不同土壤水分控制下，代表性监测点土壤水分状况对作物生长、产量、灌水量和灌溉水分利用效率的影响，建立了不同作物生长、产量和灌溉水分利用效率与地下滴灌土壤水分最佳监测点的土壤水分状况的关系；地下滴灌灌溉计划制定方法，提出了有效防止地下滴灌根系入侵的毛管埋设深度与灌溉控制方法。

本书可作为农业水土工程、水利水电工程等专业的研究人员和高校学生的参考用书。

图书在版编目（CIP）数据

地下滴灌农田水分高效管理 / 郭少磊著. -- 北京 :
中国水利水电出版社, 2020.8
ISBN 978-7-5170-8769-4

Ⅰ. ①地… Ⅱ. ①郭… Ⅲ. ①地下灌溉－滴灌－灌溉管理 Ⅳ. ①S275.6

中国版本图书馆CIP数据核字(2020)第149740号

书　　名	地下滴灌农田水分高效管理 DIXIA DIGUAN NONGTIAN SHUIFEN GAOXIAO GUANLI
作　　者	郭少磊　著
出版发行	中国水利水电出版社 （北京市海淀区玉渊潭南路1号D座　100038） 网址：www.waterpub.com.cn E-mail：sales@waterpub.com.cn 电话：（010）68367658（营销中心）
经　　售	北京科水图书销售中心（零售） 电话：（010）88383994、63202643、68545874 全国各地新华书店和相关出版物销售网点
排　　版	中国水利水电出版社微机排版中心
印　　刷	清淞永业（天津）印刷有限公司
规　　格	184mm×260mm　16开本　8.5印张　176千字
版　　次	2020年8月第1版　2020年8月第1次印刷
定　　价	**68.00**元

前言

FOREWORD

我国属于中度缺水国家，水资源在时间和空间上分布不均。面对有限的水资源和日趋恶化的水环境，如何保证14亿人口的粮食安全，已成为我国农业发展的战略问题。在我国的农业生产中，灌溉在国计民生中历来占有重要的地位。大力发展节水灌溉是实现农业可持续发展战略的必然选择，也是实现经济结构和经济增长方式根本性转变，以及人口、资源、环境可持续发展战略的迫切需要。地下滴灌可在土壤中形成适合作物健康生长所需要的水、肥、气、热等微环境，具有优质高产、保护环境、减少杂草生长、方便管理、延长使用寿命等优势，是现行所有节水技术中节水潜力最大、增产效果最为明显的方式之一。本书针对地下滴灌在推广应用过程中遇到的灌溉计划制定与根系入侵等问题，以大田试验和精细室内试验为基础开展研究。

全书共6章。第1章介绍了本书的研究背景、研究现状、研究内容以及技术路线等内容。第2章，在国内外研究的基础上，结合以往的研究成果进行了试验的设计。第3、4章对试验的结果进行了分析，得到了地下滴灌土壤水分监测方法；适用于地下滴灌土壤水分监测装置的关键技术参数及其确定方法；地下滴灌不同土壤水分控制下，代表性监测点土壤水分状况对作物生长、产量、灌溉水量和灌溉水分利用效率的影响；建立了不同作物生长、产量和灌溉水分利用效率与地下滴灌土壤水分最佳监测点的土壤水分状况的关系；提出了有效防止地下滴灌根系入侵的毛管埋设深度与灌溉控制方法。第5章在试验研究的基础上提出了地下滴灌简便易行的灌溉水头确定方法与控制技术。第6章对本书开展的试验研究进行了总结。这些研究为推动地下滴灌的应用普及，为实现农业、人口、资源和环境可持续发展提供科学依据与有力支持。

由于作者水平有限，书中错误和遗漏之处在所难免，敬请广大读者批评指正。

作者

2020年8月

前言

目 录

CONTENTS

目录

第 1 章

绪　　论

1.1 研究背景

我国是农业大国，在农业生产中，灌溉起着重要的作用，近一半的耕地灌溉面积上，粮食产量占全国产量的75%、棉花为80%和蔬菜为90%。《全国农业可持续发展规划（2015—2030年）》中提出，到2030年，农田有效灌溉率将达到57%。

我国水资源时空分布不均。水资源消费结构显示，农业用水占到总供水量的60%以上。面对有限的水资源和日趋恶化的水环境，保证14亿人口的粮食安全，已成为我国农业发展的战略问题。

《“十三五”新增1亿亩高效节水灌溉面积实施方案》明确了“十三五”期间全国新增高效节水灌溉面积1亿亩，其中管道输水灌溉面积为4015万亩、喷灌面积为2074万亩、微灌面积为3911万亩。2020年，全国高效节水灌溉面积达到3.6亿亩左右，占灌溉面积的比例提高到32%以上，农田灌溉水有效利用系数达到0.55以上。发展节水农业，不仅是缓解我国水资源不足的有效途径，同时也是转变农业增长方式，促使传统农业向高产、优质、高效现代农业转变的战略举措。各种节水技术的推广应用，既可减少紧缺资源的消耗，又能有效地阻止以水为载体的污染物扩散，还将促进我国灌溉农业从粗放到集约、从以外延为主到以内涵为主的转变，实现农民增收、农业增效、农村发展和改善农村生态环境。因此，大力发展节水灌溉，是实现农业可持续发展战略的必然选择，也是实现经济结构和经济增长方式根本性转变，以及人口、资源、环境可持续发展战略的迫切需要。

1.2 研究的目的和意义

地下滴灌技术是最为高效的节水灌溉技术之一。《美国国家灌溉工程手册》一书中将地下滴灌定义为：以与滴灌相同的流量由土壤表面以下通过灌水器缓慢地灌水的方法。在我国，地表下滴灌是将全部滴灌管道和灌水器埋入地表下的一种灌水方式。Ayars等、Camp等、仵峰等认为地下滴灌的优点主要为灌溉后可在土壤中形成适合作物健康生长所需要的水、肥、气、热等微环境，为作物的优质、高产创造了条件。同时还具有保护环境、减少杂草生长、方便管理、延长使用寿命等优势，是现行所有节水技术中节水潜力最大、增产效果最为明显的方式之一。地下滴灌技术的这些优势，已在生产实践中得到验证和证实，也引起了国内外学者的重视。2000年在南非举行的第六次国际微灌大会上，地下滴灌技术被列入微灌发展的重要方向之一。地下滴灌技术的发展前景看好。有人预言："灌溉的未来将是地下滴灌。"

地下滴灌优势明显，但在土壤水分监测、灌溉计划制订、根系入侵以及由根系入侵引起的流量降低、灌水均匀度等方面存在一定问题，一定程度上制约着地下滴灌技术的发展。如果能有效解决这些问题，将更加有利于该项技术的推广应用。

1.3 国内外研究现状

1.3.1 地下滴灌的发展

1920年，Charles Lee利用瓦管湿润周围土壤而在美国获得了一项专利，其是最早期的一种地下滴灌形式。第二次世界大战后，塑料管开始广泛用于灌溉中，滴灌技术在英国、美国、以色列等国得到推广，促进了地下滴灌的发展。1959年，美国加利福尼亚州和夏威夷州开始研究和应用地下滴灌技术。1960年之后，带有灌水器的聚乙烯管道和PVC管道等开始应用于地下滴灌，同时以色列开展了地下滴灌水肥一体化研究。地下滴灌受灌水器堵塞和根系入侵等问题影响，与地表滴灌相比发展缓慢。

20世纪80年代，随着一些新技术、新材料的出现，以及设计和管理方法的改进，使得地下滴灌的运营成本大大降低。再次激发了人们对地下滴灌的研究兴趣，诸多灌溉专家针对毛管的埋设深度与行距、化学物品的注入方式、作物的产量、过滤系统的研究以及与其他灌溉方式的比较等问题做了大量研究工作。地下滴灌系统在大田棉花、大米、土豆、蔬菜到柑橘、菠萝、梨树以及草地等多种作物上得到应用。这些应用均取得了较好的节水、增产效果，系统运行良好。

我国地下滴灌（渗灌）起源于地下水浸润灌溉口。早在1000多年前，修建的泉水灌溉工程（今山西省临汾市龙子祠）就是一种地下浸润灌溉工程。该工程中土壤耕作层以下铺设厚0.4～0.6m的卵石，作为灌溉水的蓄、输通道。在漫长的生产实践中，前人又找到了一种比铺设卵石更简便的方法，即在土壤内埋设"透水管道"进行灌溉。如几百年前的合瓦地地下滴灌（渗灌）管道系统（今河南省济源市）由透水瓦片扣合而成，具有灌溉和排涝两种功能，是迄今所知的我国最早的地下滴灌（渗灌）工程。

1974年，现代滴灌技术进入我国。1978年原山西晋东南地区水科所、阳城县水利局、长治农校共同合作，在阳城县进行了为期4年的大田作物地下滴灌试验。1983年原山西省水科所在祁县进行了12hm^{2}的果树（梨和苹果）地下滴灌试验；1983年河北省迁安市建成了上百公顷的板栗地下滴灌系统；1990年山西省万荣县南景村自发地安装了 0.67hm^2 的地下滴灌系统，用于果树灌溉。但是由于对地下滴灌技术了解不够、采用的塑料管打孔成孔工艺存在缺陷，加上运行管理措施不当，灌水不均、堵塞等问题日益严重，导致大部分工程以失败告终。

20 世纪 80 年代之后，在水资源紧缺和农业面源污染加重与一些新材料新技术出现的背景下，地下滴灌重新成为国内研究热点，主要研究方向包括地下滴灌与其他灌溉方法的比较、作物产量与节水效果、埋管深度和埋管间距、通过地下滴灌系统注入化学物质（化肥和农药）、灌溉管理制度、地下滴灌系统设计与评价、灌溉均匀度、经济与环境效应等方面。地下滴灌取得了较好的应用效果。

近年来国内外学者在对地下滴灌的研究和应用过程中均取得了丰硕的成果，但是由于地下滴灌自身的特殊性和复杂性，确定不同土质、不同作物的合理灌水制度还存在一些技术难题。地下滴灌条件下，具体区域或具体临界点的土壤水分状况能很好地反映作物生长状况，及其与作物生长关系需要进一步深入研究。另外，地下滴灌在应用过程中根系入侵问题一直没有得到很好的解决。Lamm 在加拿大通过地下滴灌技术对西红柿进行研究时，发现当西红柿生长到生育中期时会遇到严重的根系入侵问题。Suarez - Rey 等应用地下滴灌技术灌溉狗牙根 1 年之后，在滴头中出现根系入侵。为了试验不同形式的滴头抵抗根系入侵的效果，Rubens 等在土柱中种植了咖啡和柑橘，1 年之后所有滴头中均出现了根系入侵。Ruskin 对草皮的地下滴灌灌溉系统观测多年之后发现，对于根系入侵，若不采取防治措施，系统运行 3 年之后流量减小 10%，运行 4 年之后流量减小 60%，运行 6 年后流量减小 95%。于颖多等在研究地下滴灌条件下番茄和冬小麦根系的分布时，发现不同程度的根系入侵。可见根系入侵是影响地下滴灌系统灌水均匀度与使用寿命的重要因素之一。根系入侵一旦发生，便很难从管路中清除。如能有效解决根系入侵堵塞问题，便可大大提高地下滴灌系统使用寿命，提高灌水均匀度，加快该技术的推广和应用步伐。

1.3.2 地下滴灌灌溉制度拟定方法

灌溉制度的制定是指灌溉决策者确定灌溉时间和灌溉量的过程。因此，制定灌溉制度主要是解决两个问题：①灌溉时间，即何时灌溉；②灌溉量，即每次灌溉的灌水量。

1. 灌溉时间

灌溉时间的合理确定是实现精准灌溉的基本前提。“过早”或“过晚”的灌水都不能使植物在最需水旳时期得到充足的水分供应即不能“适时”供水，从而影响植物的正常生长并造成灌溉水分利用效率低下。目前，国内灌溉时间的确定方法主要有以下方式：

(1) 固定次数或间隔期灌溉。Caldwell D S 等试验发现，当土壤水分亏缺量小于20%时，灌溉频率或灌水量的变化对玉米产量的影响不大。Douh B 等认为在灌水量相同的条件下，采用高频灌溉有利于提高作物产量。Bern C R 等认为，采用高频、小流量的灌溉制度，可以改善作物根层土壤水分布，提高水分利用率和作物产量。固定次数或间隔期灌溉的方法虽然易于理解且操作简单，但是对于现代精准灌溉技术，其优势在于对作物的不同生育阶段适时适量的灌溉，采用这种方法无疑将会限制其优势的充分发挥，达不到"适时"灌溉的要求。

(2) 基于植物指标确定灌溉时间。灌溉的目的在于使植物体内保持充足的水分状况，而这种水分状况会在植物的很多生理生态特征上直接反映出来，如叶水势、气孔导度、茎干直径微变化、叶片温度等。因此，对这些生理生态指标进行监测，能第一时间得知植株的水分亏缺状况。目前，此法已广泛应用于农作物和果树栽培。但是，由于生理生态指标监测仪器价格昂贵，并且在应用过程中需要植物生理生态的专业知识，因此实际应用中受到一定的限制。

(3) 基于土壤水分指标确定灌溉时间。土壤水是植物水的主要来源，所以土壤水分状况能间接反映植物体内的组织水分状况。基于土壤水分的指标主要包括土壤含水率和土壤基质势。土壤含水率的有效性，跟土壤的结构有关，而不同类型的土壤，结构不同，同一种土壤，即使在同一块地中，也存在很大的空间差异性。经济作物栽培时往往施用农家肥（猪粪、鸡粪、羊粪等）、草炭土和各种专门配制的基质，使得耕作层土壤结构变化更大，所以用土壤含水率的高低确定土壤水分的有效性、实用性较差。在自然界，水总是从水势高的地方流到水势低的地方。土壤基质势绝对值越高，土壤的含水率越小，土壤对水的吸力越强，植物越难吸收利用；土壤基质势绝对值越小，土壤的含水率越大，土壤对水的吸力越小，植物越容易吸收利用。无论土壤类别、土质均匀程度，只要土壤基质势一样，作物的生长状况就基本一样。可见，利用土壤基质势指导灌溉是一种简便易行的方法。

目前，可用于监测土壤基质势的仪器种类很多。其中，利用负压计（张力计）来监测土壤基质势来指导灌溉最为普遍。采用负压计制定滴灌灌溉计划，无须直接考虑作物腾发量、降水量、作物耕作层土壤结构的变化等影响。另外，此方法还因操作简单，成本低、测定速度快等优点而便于推广。但是，在应用过程中，如何用局部某一点的土壤基质势来反映地下滴灌作物根区土壤整体供水能力这一问题未能得到很好解决。

2. 灌溉量

精准灌溉不仅要求灌溉要"适时"而且还要"适量"。水分供应过多容易造成深层渗漏；水分供应不足，作物就会经受水分胁迫，影响其蒸腾和光合作用，从而限制其生长。因此，在灌溉时，应寻求一合适灌溉量，既能保证作物生长最佳，又能避免深层渗漏。目前，国内外在所采用的灌溉量确定方法主要有以下两种：

（1）依据作物耗水确定。由于此法的原理是“作物消耗多少水分就补充多少水分”，所以应用此法的前提是作物蒸散量的精确估算。这种确定灌水量的方法多用于传统灌溉方式中，但在地下滴灌中应用较少。

（2）经验法或试验法。这种方法是在灌溉时间确定的前提下，根据经验或试验的方法确定灌水量，每次灌水量相同。这种方法由于原理简单易行，操作方便，在实际中应用较多。

国内外研究现状表明：①国内外就地下滴灌条件下，不同作物灌溉参数进行了大量研究，但是就基于土壤基质势控制利用负压计确定灌溉时间的研究中，通过利用局部某一点的土壤基质势来反映作物根区整体土壤水分状况，需要对毛管不同埋设深度时土壤水分的时空动态分布情况进行深入精细的综合研究，从而探寻一个能代表整个作物根区土壤水分状况的土壤水分监测点与监测方法；②基于土壤基质势控制利用负压计确定灌溉参数的研究中，需要确定地下滴灌不同土壤基质势控制下，土壤基质势对作物生长、产量等的影响，建立基于土壤水分监测方法的作物生长、产量与土壤基质势的关系，得到地下滴灌灌溉计划制订方法。

1.3.3 地下滴灌防止根系入侵的方法

目前国内外解决根系入侵主要从生产专用设备、向系统注入化学物质、控制系统运行等方面入手。

1. 机械保护性滴头

防止根系入侵的机械保护性滴头最早出现在以色列。应用比较好的有以色列 Netafim 公司 1994 年生产的“Techline”滴头（Fresno）。“Techline”滴头是在灌水器的出水孔末端设一凸缘。当根系靠近出水孔时，先绕着凸缘生长，凸缘的高度能保证缠绕大约 7.6cm 长的根。这些根的生长一般需要 100d 左右，此后作物就进入了生长末期，新生的根可通过施加酸性溶液来杀死。据 Netafim 在 1994 年 3 月进行的试验表明，被试验的 9 个滴头中只有 2 个有根系入侵现象，保护率为 78%。但也有报道提出，此滴头的保护性较差，需进一步改进。Rubens D C 等为了试验各种类型的滴头对根系入侵的影响，选用了 12 种滴头对咖啡和柑橘进行试验，结果显示所有滴头均出现了根系入侵。

近年来国内学者也研究出了抗根系入侵的机械保护性滴头，但是未见有关此类滴头应用的报道。单纯地依靠机械保护性滴头很难完全消除根系入侵的影响，尤其对于多年生植物。

2. 化学保护性滴头

化学保护性滴头是将Treflan或Triflurain等除草剂作为化学保护试剂，添加到制作滴头的材料中，起到抑制滴头附近根系生长的作用。有代表性的有美国Geoflow公司生产的Rootguard滴头和Agrifim公司生产的Battelle Process滴头。这两种滴头的原理是将氟乐灵混合到制作滴头的塑料中。当灌溉系统安装好后，由于氟乐灵易挥发，将会以一定速率以蒸汽形式释放出来，与滴头周围土壤混合，可抑制根系向滴头附近生长。

加利福尼亚灌溉技术中心通过5年的相关实验，发现观测所用化学性保护滴头均无根系入侵现象。但是，一方面生产这种滴头的工艺非常复杂，生产成本较高；另一方面，这些化学物质长期的向土壤中释放，会导致不利的土壤效应，损害其他系统成分，这类滴头在实际应用中并不多见。

3. 化学保护性过滤器

Netafim公司1996年生产了一种专门用于防止根系入侵的化学保护性过滤器Techfilter。其原理是在叠片过滤器中安装一个可更换的药桶，药桶中装有氟乐灵。过滤器上还装有防止药物逆流或渗漏的装置，在灌溉时药物随水流一起进入滴头周围土壤，从而达到抑制滴头周围根系生长的目的，防止根系入侵。与化学性保护滴头相比，化学性保护过滤器有以下缺点：

（1）会造成土壤中残留的药物过多，对环境以及作物不利。

（2）释放药物速率的稳定性差。过滤器中药物释放速率容易受温度的影响，因此释放速率的稳定性差。

（3）由于过滤器需人工冲洗，当过滤器堵塞时，沉淀物中附着大量氟乐灵，因此在反冲洗时药物极易随沉淀物进入地表污染环境。

（4）过滤器对使用者危害较大，因为过滤器在出售前一直封闭保存，里面封存较多的氟乐灵蒸汽，当顾客购买后打开包装时，在短时间内会释放出很多药物，浓度较高，对操作者的健康有较大危害。

基于以上因素，此类过滤器在实际应用较少使用。

4. 向系统注入除草剂

利用施肥系统将氟乐灵注入灌溉系统中，从而抑制滴头附近的根系生长，达到防止根系入侵的目的。具体的方法如下：

（1）在施肥系统中加水并拌入药物，加水量为灌溉10～15min的出水量。

（2）启动系统进行加注，时间不要超过15min，以免药物扩散。

（3）加注完毕后，用少量清水冲洗。

（4）冲洗完成后与下次灌水间隔至少24h，防止药物被冲走失去作用。

具体的施药施药时间、施药次数、每次施药量等随作物、土壤质地、土壤含水量和气候条件等的不同而异。这种方法在实际操作过程中存不确定的潜在因素，容易给土壤、环境和人类健康带来潜在风险。

5. 向系统注入其他化学物质

以防止根系入侵为目的，向灌溉系统注入其他化学物质中，使用最多的是磷酸。对于番茄、甜玉米、棉花和甜瓜，向每千克灌溉水中加入15～30mg磷酸可以有效防止根系入侵。硫酸和氯酸也经常被加入灌溉水中用于预防根系入侵和各种堵塞。此外，还有人提出向灌溉水中加入杀线虫剂或硫化铜也可起到类似效果。虽然这些方法都能起到一定作用，但如果使用不当会伤害到作物。并且这些化学物质在土壤中很容易失去作用，为保证效果需要频繁的注入，长期使用会对土壤产生负面影响。

6. 增加灌溉频率

Camp等和Lamm认为根系具有向水性，当滴头附近的土壤出现水分胁迫时，就会刺激根系向着滴头生长。增加灌溉频率可以在滴头附近创造一个饱和或接近饱和的含水区，从而避免或减缓根系入侵的发生。Rubens等于2001—2002年在温室内用咖啡和柑橘做实验来研究不同水分条件对根系入侵的影响，发现土壤的含水率可以明显影响根系入侵的严重程度。许多学者也得出了类似的结论。

水分胁迫是造成地下滴灌根系入侵的主要原因。虽然人们很早就认识到滴头附近的土壤水分情况可以有效影响地下滴灌根系入侵，但是迄今为止还没有得出一套行之有效的防止根系入侵的灌溉制度与控制方法。综述相关成果发现，地下滴灌防止根系入侵的方法中目前尚存在以下主要问题：

（1）对于采用特殊滴头的方法，机械保护性滴头很难完全杜绝根系入侵，化学保护性滴头和过滤器会使得化学物质长期的向土壤中释放，从而导致不利的土壤效应，损害其他系统成分。

（2）向灌溉系统注入除草剂容易给土壤、环境和人类健康带来潜在风险，并且施加氟乐灵的具体方法及后期效应还有待长期的试验研究。向灌溉系统注入其他化学物质需要频繁的注入，长期使用会对土壤产生负面影响。

（3）相对于其他方法来说，从灌溉制度入手研究减小根系入侵无疑是一种既安全又切实可行的方法。如何取得一套行之有效的减小根系入侵的灌溉制度与控制方法，需要从根系生长与不同土壤含水量以及毛管埋设深度之间的关系入手进行深入细致的研究。

1.4 研究目标、内容和技术路线

1.4.1 研究目标

地下滴灌与地表滴灌相比，具有减缓毛管和灌水器老化、方便田间作业、防止损坏和丢失、减少地表无效蒸发等优点。但由于地下滴灌有其自身的特殊性和复杂性，在土壤水分监测和根系入侵方面存在许多有待研究的问题。

(1) 地下滴灌系统最大的特点是滴灌系统埋入地下，灌水器出口直接与土壤接触，地下滴灌过程中，土壤水分状况受埋设深度、灌水量、灌溉频率、土壤理化性质及土壤空间变异的影响。目前缺少专门针对地下滴灌土壤水分监测的方法和操作性强、实用简便的监测装置。

(2) 由于滴灌毛管埋于地下，直接将水和液体肥料输送到作物根系的吸收区域，提高了作物对水和养分的利用率。然而目前就地下滴灌条件下，关于具体区域或临界点土壤水分状况能很好地反映作物生长状况，以及与作物生长关系的研究不多。

(3) 针对影响地下滴灌系统灌水均匀度与使用寿命的根系入侵问题，在控制毛管埋设深度相同的条件下，研究不同土壤基质势对小麦根系分布、产量、水分利用效率以及根系入侵的影响；在控制土壤基质势相同的条件下，研究不同毛管埋设深度对小麦根系分布、产量、水分利用效率以及根系入侵的影响。通过对这些问题的研究，期望得到一种既能有效防止根系入侵又能优质高产的灌溉制度与控制方法。推动地下滴灌的应用普及，为实现农业、人口、资源和环境可持续发展提供科学依据与有力支持。

1.4.2 研究内容

本书主要研究内容为：

(1) 通过田间试验和精细室内试验的方法探寻出一套较好反映作物生长状况的地下滴灌土壤水分监测方法与装置。

(2) 通过控制土壤水分监测点的土壤基质势，研究不同土壤基质势对小麦根系分布、产量、水分利用效率以及根系入侵的影响。

(3) 研究不同毛管埋设深度对小麦根系分布、产量、水分利用效率以及根系入侵的影响。

1.4.3 技术路线

本书主要围绕不同土壤基质势、毛管埋设深度对地下滴灌小麦根系生长和分布的影响，结合小麦产量和水分利用效率与土壤基质势和毛管埋设深度的响应关系，得出一种有效防止根系入侵的优质高产地下滴灌灌溉模式，推动地下滴灌的应用和普及，为实现农业、人口、资源和环境可持续发展提供科学依据与有力支持。本书的技术路线见图 1.1。

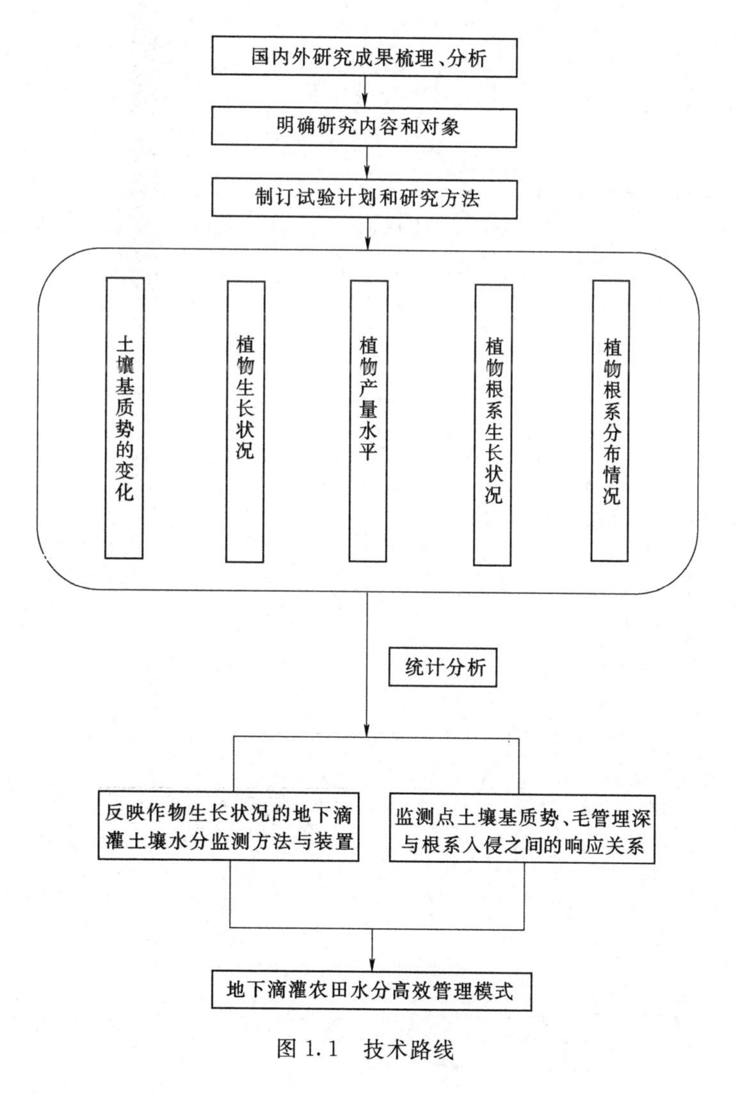

图 1.1 技术路线

技术路线

第2章

试　验　方　法

2.1 大田试验

2.1.1 试验地点

本试验选择在中国科学院地理科学与资源研究所农田水循环与现代节水灌溉试验基地进行。该基地位于北京市通州区永乐店镇，地处北纬 39°36′，东经 116°48′，海拔高程为 20.00m，属永定河、潮白河冲积平原，全区地势平坦开阔，农业生产历史悠久，是华北平原都市农业的典型代表区。试验区属于大陆性季风气候区，受冬、夏季风影响，形成春季干旱多风、夏季炎热多雨、秋季天高气爽、冬季寒冷干燥的气候特征。试验区年均日照时数为 2459h，年均总辐射量为 534.3kJ/cm^2。年平均气温为 11.3℃，高于 10℃ 积温为 3470.3℃；全年最高气温出现在 7 月，月平均气温为 23.7℃，最低气温出现在 1 月，月平均气温为－2.9℃。多年平均降水量为 620mm，降水主要集中在 6～8 月，占全年总降水量的 67.8%。

2.1.2 土壤条件

试验区供试土壤类型为华北平原分布较为广泛的潮土，典型土壤剖面的基本物理性质和化学性质分别见表 2.1、表 2.2。土壤类型为粉壤土到黏壤土；土壤容重在 1.39～1.59g/cm^{3}之间，最大值在犁底层 25～40cm 处，其他土层的土壤容重相差不大；田间持水量在 0.3～0.4 之间，沿土壤剖面深度而增加。土壤养分在剖面上的分布并不均匀，一般情况下沿土壤剖面从上至下逐渐降低，尤其是耕作层（0～25cm）土壤养分含量明显高于其他土壤层次。从耕作层土壤有机质含量来看，试验区属于中等肥力地，土壤偏碱性。

表 2.1　　大田试验土壤基本物理性质

深度 /cm	土壤类型	容重 /(g·cm^{-3})	饱和导水率 /(cm·d^{-1})	饱和含水量 /(cm^3·cm^{-3})	田间持水量 /(cm^3·cm^{-3})	残余含水量 /(cm^3·cm^{-3})
0～25	粉壤土	1.39	16.53	0.3952	0.286	0.0685
25～50	粉壤土	1.59	13.11	0.3613	0.308	0.0739
50～100	粉壤土	1.48	21.37	0.3863	0.291	0.0938
100～115	黏土	1.40	7.14	0.5912	0.373	0.1588
115～160	黏壤土	1.48	9.37	0.5887	0.366	0.1012

表2.2 大田试验土壤基本化学性质

深度/cm	有机质/(g·kg^{-1})	全氮/(g·kg^{-1})	碱解氮/(mg·kg^{-1})	碱解氮/(mg·kg^{-1})	有效磷/(mg·kg^{-1})	有效钾/(mg·kg^{-1})	pH值
0~25	10.1	0.98	1.74	48.8	10.10	95.8	7.59
25~50	4.78	0.64	1.43	35.8	0.80	53.5	7.59
50~100	5.60	0.44	1.26	29.3	0.71	61.5	7.63
100~115	5.32	0.38	1.21	29.5	0.78	37.5	7.83
115~160	4.58	0.36	1.16	24.2	0.80	30.0	8.01

2.1.3 试验设计

大田试验设有5个毛管埋设深度处理，每个毛管埋设深度又设5个土壤基质势，大田试验共25个处理，处理编号分别为：S1D1、S2D1、S3D1、S4D1、S5D1；S1D2、S2D2、S3D2、S4D2、S5D2；S1D3、S2D3、S3D3、S4D3、S5D3；S1D1、S2D4、S3D4、S4D4、S5D4；S1D5、S2D5、S3D5、S4D5、S5D5。每个处理重复3次，共75个试验小区，每个试验小区面积为4.4m×4.2m，随机布置。5个毛管埋设深度处理分别为10cm（D1）、20cm（D2）、30cm（D3）、40cm（D4）、50cm（D5）；5个土壤基质势分别为－10kPa（S1）、－20kPa（S2）、－30kPa（S3）、－40kPa（S4）、－50kPa（S5）。

2.1.4 试验对象

大田试验以马铃薯和番茄为试验对象具体开展研究。马铃薯选用品种为中薯8号，作为早熟品种，其宜密植栽培，出苗后生育期为63天；番茄选用品种为L－402，该品种为无限生长类型，属于中熟品种，适宜春季露地栽培，其栽培要点是每株留2~4个果穗，每花序留3~5个果。

2.1.5 农艺措施

3月下旬进行耕地，要求耕深30cm以上，耕深、耕透、耕平，不留坎。在耕地时施入底肥，底肥使用复合肥磷酸二铵，每垄上条施复合肥（磷酸二铵）139g，合每个试验小区0.554kg（折合每亩20kg）。

马铃薯和番茄均起垄种植，其标准为：垄宽0.6m、垄高0.15m、垄长4.4m；两垄间距0.8m，每小区3垄，小区面积为18.48m^2；每垄种植两行作物，垄上作物行距 30cm，株距 25cm，如图 2.1 所示。

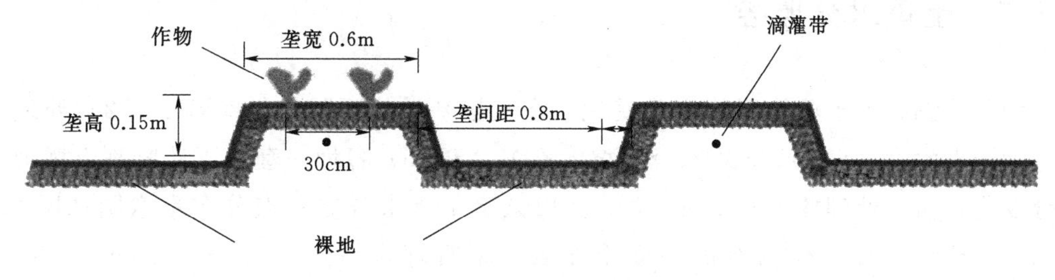

图 2.1 试验小区起垄标准

马铃薯播种前 15～20d 出库（窖），逐渐升高温度，在黑暗条件下催芽。催芽期间上下翻动，使幼芽均匀一致。芽长 0.5～1cm 时移至室外在 5～15℃条件下晒种 7～10d。晒至薯皮变绿，幼芽变为紫绿色壮芽为宜。播种前 2～3d 进行切种，每公斤种薯切 25 块，单块重 40 克左右。特别要注意剔除杂薯、病薯和纤细芽薯。切种完成后，在 2kg 的 70%甲基托布津和 0.1kg 农用链霉素中拌入 50kg 滑石粉。每 50kg 种薯用 2kg 混合药，拌药要求切块后 30min，用木掀翻拌均匀。

番茄在温室中育苗，6～7 叶时移苗。当移植的番茄完全缓苗后，所有处理覆膜（黑色的聚乙烯膜）。番茄及时打杈，所有侧枝全部打掉。为提高番茄果实的商品质量，番茄植株及时打顶，每株只保留 4 个花果序。

2.1.6 灌溉与施肥

采用重力式滴灌，圆形水桶放在距离地面 1.2m 高处，桶高 0.5m，容积大约为 120L；滴灌管埋设在垄中心两行作物之间，滴头间距 30cm；10m 水头工作压力下滴头流量为 3L/h（试验重力滴灌实际工作压力在 1.2～1.7m 水头之间，滴头流量平均为 0.9L/h）。安装好灌溉系统之后，所有处理均统一灌水，当地面开始湿润时停止灌溉，之后播种马铃薯和移栽番茄。马铃薯出苗和番茄缓苗后根据土壤墒情进行灌溉。参考康跃虎等用埋于滴头正下方 20cm 深的负压计所测土壤基质势指导地面滴灌的成功经验，在每个处理中间垄的作物行间地面 20cm 深度处埋设 1 只负压计，每天 8：00、14：00 两次读取负压计读数，当地面 20cm 深度处土壤基质势降低到设计阈值，打开阀门进行灌溉。

翻地前将磷酸二铵复合肥条施在垄中间，施肥量为 300kg/hm^2。播种后将尿素配制成质量浓度为 30%的溶液，加入灌溉水中进行施肥灌溉。－10kPa(S1) 处理每次加入尿素溶液 50mL，－20kPa(S2)、－30kPa(S3)、－40kPa(S4) 和－50kPa(S5) 处理每次加入量为前一时期－10kPa(S1) 处理加入尿素量的累计值，以保证作物整个生育期同一农艺措施下不同土壤基质势处理总的施肥量一致。

2.1.7　土壤水分监控

为了检测整个土壤剖面的水分变化，在土壤基质势下限为－20kPa（S2）处理不同毛管埋设深度（S2D1、S2D2、S2D3、S2D4、S2D5）各埋一套负压计监测土壤剖面水分变化，每个处理监测点共40个。大田试验土壤水分监测点分布示意图如图2.2所示，负压计垂直于作物垄的剖面上布置，垂直埋设深度为10cm、20cm、30cm、40cm、50cm、70cm、90cm、110cm，离滴头的水平距离为0cm、17.5cm、35cm、52.5cm、70cm。作物开始正常灌水后，每天早上8：00定时记录负压计读数。根据负压计读数的变化幅度，用土钻垂直于滴头下位置取土，取土深度与负压计的埋设深度相对应，用烘干称重法测量土壤的重量含水量。马铃薯种植前和收获后的土壤含水量均用烘干称重法测得。

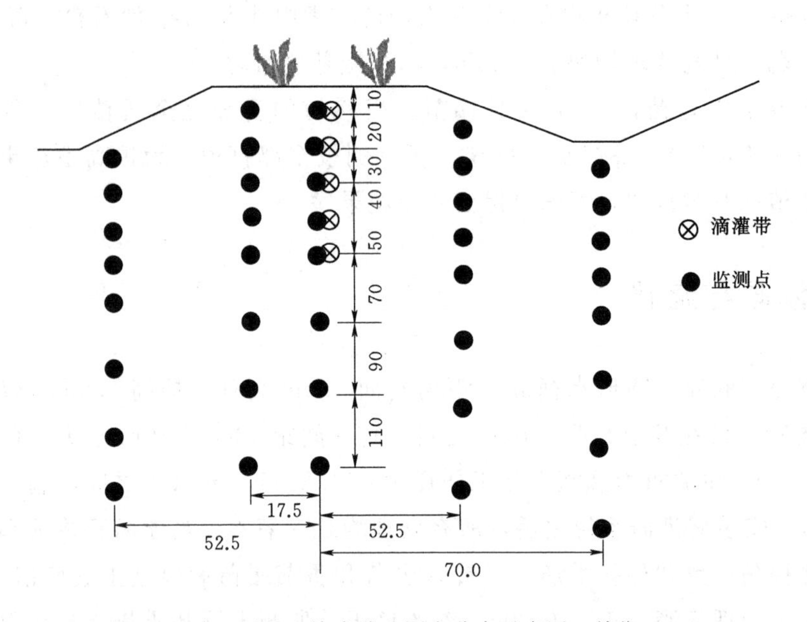

图2.2　大田试验土壤水分监测点分布示意图（单位：cm）

2.1.8　取根方法

选取正好位于滴头正下方的标准株，用内径为0.055m根钻钻取根样，取土横向位置同负压计布置，纵向每隔10cm为一层，取土深度至60cm。每个处理重复取3次，纵横向位置相同的土样混合在一起，经过标准的处理过程后，测根的长度和干重。

2.2 室内试验

2.2.1 试验条件

1. 试验地点

试验地点位于北京的中国科学院地理科学与资源研究所陆地水循环及地表过程重点实验室。由位于天津市静海区子牙镇三呼庄村的中国科学院地理科学与资源研究所静海农田水循环与农业节水试验站提供试验土壤。

2. 土壤条件

试验所用土壤类型在华北平原地区具有代表性，取土时选择的土壤为0～30cm内的表层土壤。取样之后，经过风干，磨细后过2mm筛备用。从表2.3中可以看出，0～30cm剖面的土壤以粉壤土为主，在剖面上分布比较均一；容重为1.22g/cm^3；田间持水量为27.6%。表2.4为室内试验土壤养分含量。从有机质含量来看，土壤表层土壤肥力属于中等，在剖面上的分布并不均匀，整体上随着土层深度的增加，土壤养分呈现降低的趋势。试验地土壤的氮、磷、钾含量都属于中等水平。

表2.3 室内试验土壤基本物理性质

土层/cm	土壤类型	容重/(g·cm^{-3})	田间持水量/%
0～30	粉壤土	1.22	27.6

表2.4 室内试验土壤养分含量

深度/cm	有机质/(g·kg^{-1})	全氮/(g·kg^{-1})	全磷/(g·kg^{-1})	有效氮/(mg·kg^{-1})	有效磷/(mg·kg^{-1})	有效钾/(mg·kg^{-1})
0～10	14.08	0.96	1.51	15.00	0.97	120.00
10～20	13.41	0.94	1.48	14.20	0.57	117.36
20～30	12.96	0.86	1.46	13.52	0.52	107.32

3. 水源

灌溉用水源为北京自来水集团供给的自来水，其pH值为7.9。

2.2.2 试验设计

康跃虎等对滴灌进行研究时发现，用埋在滴头正下方20cm深度处的负压计所测得的土壤基质势，能够很好地反映大部分作物根系分布层的土壤水分状况。对于大部分作物，只要该深度处的土壤基质势控制在－35～－25kPa，就能获得很好的产量。郭少磊等发现地下滴灌也有类似的规律。因此本试验通过控制滴头正下方、正上方或滴头附近，地表以下20cm深度处的土壤基质势来控制土壤水分，制订灌溉计划。

1. 土壤基质势试验

土壤基质势试验设计了5个处理。5个处理控制滴头正上方，地表以下20cm处的土壤基质势分别为－10kPa（S1）、－20kPa（S2）、－30kPa（S3）、－40kPa（S4）和－50kPa（S5），滴灌带埋设深度为40cm（D4）。所以土壤基质势的5个处理分别为S1D4、S2D4、S3D4、S4D4和S5D4。为制订灌溉计划和监测滴头附近的土壤基质势变化，在滴头正上方，地表以下20cm处和滴头旁边埋设两个真空负压计，土壤基质势试验土柱布置图如图2.3所示。每个处理重复3次，并且随机布置在试验小区内（图2.4）。

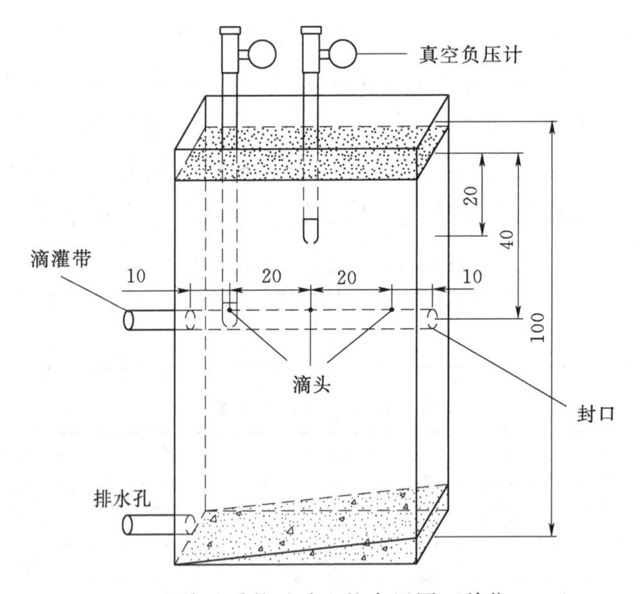

图2.3 土壤基质势试验土柱布置图（单位：cm）

2. 毛管埋设深度试验

毛管埋设深度试验有5个处理。5个处理毛管埋设深度分别为10cm（D1）、20cm（D2）、30cm（D3）、40cm（D4）和50cm（D5）。灌溉为控制滴头正下方、正上方或滴头附近，地表以下20cm深度处的土壤基质势为－40kPa（S4）。所以不同毛管埋设深度的5个处理分别为S4D1、S4D2、S4D3、S4D4和S4D5。为制订灌溉计划和监

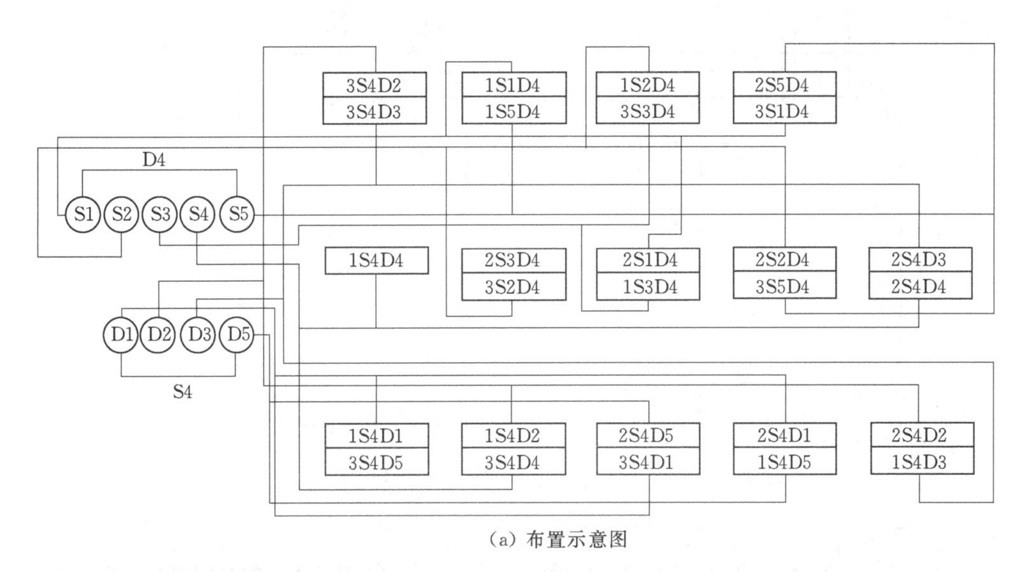

(a) 布置示意图

(b) 布置现场

图 2.4 试验小区布置图

测滴头附近的土壤基质势变化，在滴头正上方（S4D3、S4D4 和 S4D5）、正下方（S4D1）或低头旁边（S4D2），地表以下 20cm 处和滴头旁边埋设两个真空负压计，试验土柱布置图如图 2.5 所示。每个处理重复 3 次，并且随机布置在试验小区内。

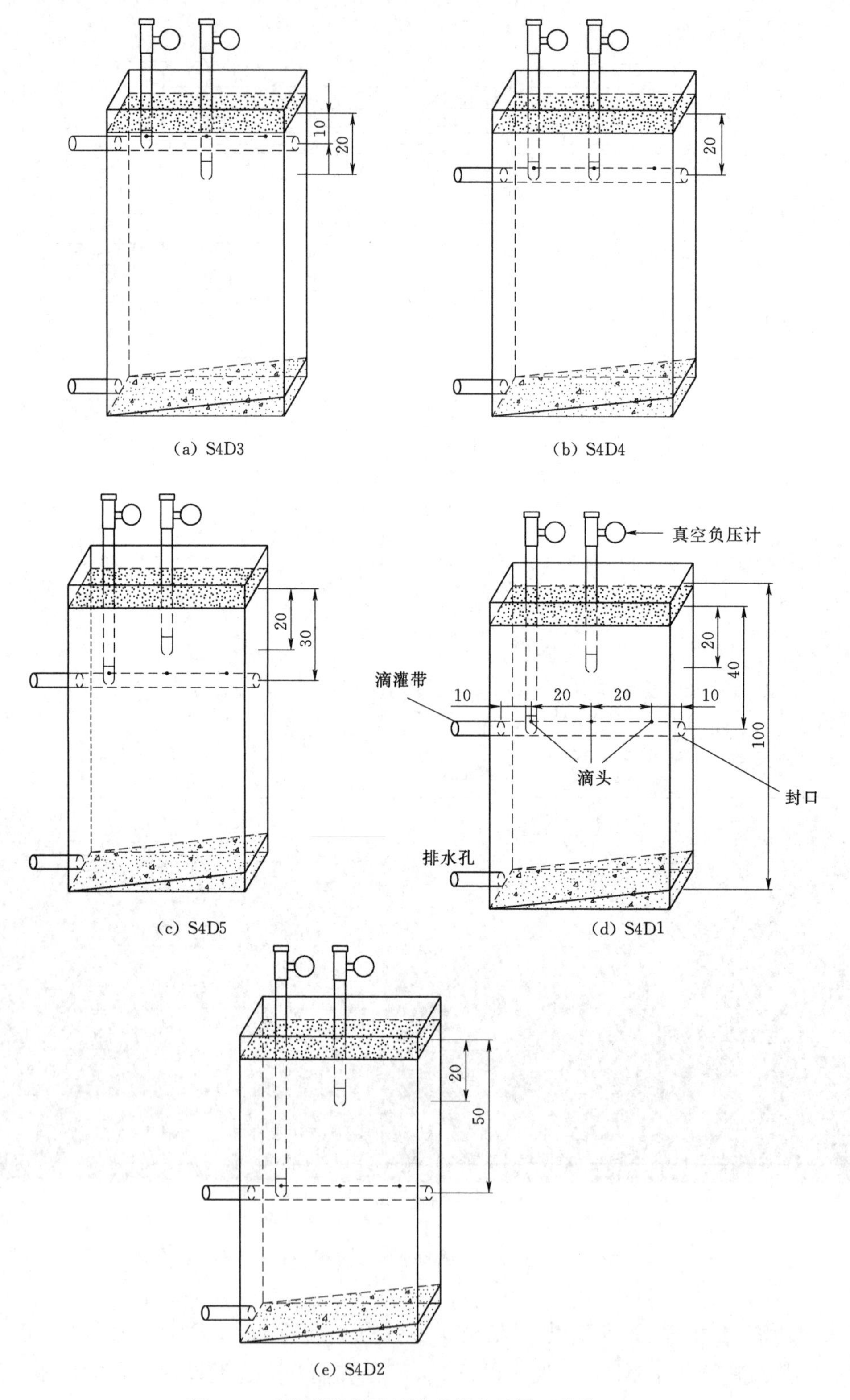

图 2.5　毛管埋设深度试验土柱布置图（单位：cm）

3. 灌溉控制

为了保证播种之后种子能够顺利发芽，在播种之前，进行统一灌水，每个处理都灌溉到地表湿润后停止灌溉。各处理初次灌水量见表 2.5。播种之后，当所有种子都发芽之后开始依据负压计控制灌溉。对于土壤基质势试验，在控制灌溉时，只有当埋在地表以下 20cm 处的负压计数值达到控制下限（S1、S2、S3、S4 和 S5）时才开始灌溉，当负压计数值达到－10kPa 时停止灌溉。对于毛管埋设深度试验，在控制灌溉时，只有当埋在地表以下 20cm 处的负压计数值达到控制下限 S4 时才开始灌溉，当负压计数值达到－10kPa 时停止灌溉。在小麦的整个生长周期内，两类试验每次灌溉的灌水量取决于当时土壤基质势的数值。

表 2.5 初次灌水量统计表 单位：mm

处理编号	S1D4	S2D4	S3D4	S4D4	S5D4	S4D1	S4D2	S4D3	S4D5
初次灌水量	34.5	34.5	34.5	34.5	34.5	9.5	11.9	23.8	40.4

4. 试验装置

（1）土柱。土柱为透明钢化玻璃箱，其规格为 60cm（长）×15cm（宽）×100cm（高）。土柱底部用水泥及沙子制作排水斜坡，末端设置排水口。排水口后有容器收集排出水。土柱制作完成之后，将筛选好的土壤以 1.3g/cm^3 的容重填入土柱中，在填土过程中，以每层 5cm 的厚度分层填入。为了保证层与层之间的连接，在两层的分界面，将分界面打毛再填下一层土壤。同时，根据试验设计，在合适的深度将滴灌带和负压计埋入。为排除光线对根系生长的影响，在非观测时间，用遮光布将土柱遮盖，如图 2.6 所示。

图 2.6 遮光布遮盖的试验用土柱

（2）供水设备。经过前期的试验验证，本试验供水压力选为0.0245MPa。为保证稳定的供水压力，采用马氏瓶（图2.7）供水。将水源通过120目的过滤器（图2.8），再注入放置在可升降供水平台（图2.9）上的马氏瓶中，然后用管道将马氏瓶与滴灌带相连，并在每个管道与滴灌带连接处设置一个阀门以控制灌溉水。马氏瓶需要加水时将平台降至地面加水，灌溉时将平台升到设计高度（2.5m）打开阀门进行灌溉。

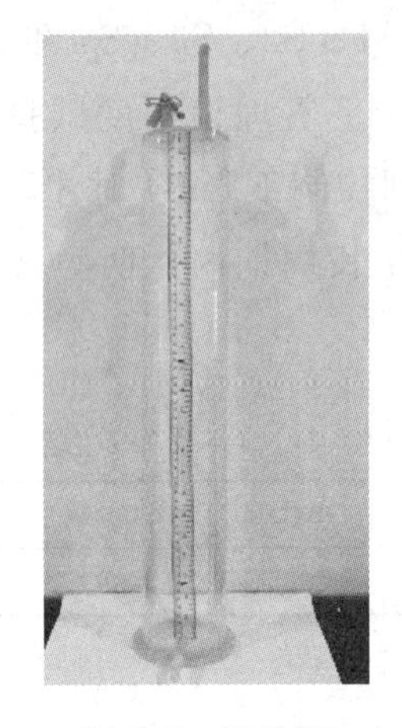

图2.7 马氏瓶

图2.8 水源过滤器

图2.9 可升降供水平台

(3) 补光及通风设备。试验采用GE公司农艺钠灯(额定功耗400W/220V)为小麦生长提供所需光源。根据所需强度，设计、布置、配比光源数量，在灯下方100~160cm处平均光照强度可达20000~30000lux。采用4个换气扇循环通风，循环风量为4000~6000m^3/h。补光及通风设备如图2.10所示。

图2.10 补光及通风设备

(4) 流量测量设备。为检测滴头流量在马铃薯整个生育期的变化，本试验设计了滴头流量测量设备。在可升降供水平台的两侧分别安装高清摄像头和补光灯，每次灌水时打开补光灯和高清摄像头拍摄马氏瓶中水量的变化过程，再根据体积法计算滴头流量，流量测量设备如图2.11所示。

图2.11 流量测量设备

（5）根系生长观察设备。该设备是在每个透明土柱的外侧贴上有尺寸的方格纸，之后在固定位置每天用高清相机拍摄根系，从而得到根系的生长状况，如图 2.12 所示。

图 2.12　根系生长观测设备

2.2.3　农艺措施

本试验所选植物为根系较为密集的小麦（蒙麦 30）。小麦的播种量按照 300kg/hm^2 进行播种，每个土柱播种量为 2.7g（约 70 粒）。氮、磷、钾的施肥量分别为 157kg/hm^2、57kg/hm^2、157kg/hm^2。施肥方式为水肥一体化，将总施肥量换算为每天的施肥量之后，再根据每天的施肥量得到每次灌溉的施肥量。

2.2.4　观测项目

（1）每天 8：00、12：00 和 17：00 定时读取负压计读数。

（2）每天早上测量渗漏水量。

（3）每天观测小麦根系生长状况。

（4）定期观测小麦地上部分的生长状况。

（5）每次灌水时测量滴头的平均流量。

（6）收获时测量小麦地上部分干物质重量、产量。

（7）小麦地上部分收获之后，将土柱内土壤分层挖出，测量土壤的含水量及养分，之后用水将根系洗出，测量小麦根系分布。

第3章 大田试验结果分析

3.1 土壤的水分变化情况

1. 马铃薯土壤水分变化情况

图 3.1～图 3.5 分别为 S2D1、S2D2、S2D3、S2D4 和 S2D5 5 个处理不同土壤深度与滴头不同横向距离的马铃薯土壤基质势变化情况。

在不同深度的土壤中，当毛管埋设深度相同时，随着土壤深度的增加，土壤基质势变化的剧烈程度越来越小。土壤 50cm 深度内的基质势明显受到设定基质势的影响，在 0～50cm 内土壤基质势的变化规律一致，随着毛管埋设深度的增加，下层土壤基质势的变化剧烈程度也随之减小。

从在距离滴头不同横向距离的土壤基质势变化趋势可以发现，在距离滴头不同横向距离的位置上，土壤基质势的变化趋势与滴头附近的变化趋势一致，横向距离 70cm 内的土壤基质势明显受到设定的土壤基质势的影响。另外，距离滴头越近，土壤基质势的变化越剧烈。这主要是由于距离滴头越近的，灌水之后水分最先运动到近处，而距离滴头越近根系的密度越大，对水分的消耗也越大，所以变化较剧烈。

图 3.6 为距滴头横向距离 0、20cm 深度的马铃薯土壤基质势与滴头横向距离 0～70cm 范围内、0～50cm 深度内的平均土壤基质势对比。从图 3.6 中可以看到，除 S2D3 与 S2D4 处理中个别点的数值存在较大差异外，其他不论从变化趋势还是数值上都很接近。所以可以认为距滴头横向距离 0、20cm 深度处土壤基质势与滴头横向距离 0～70cm 范围内，0～50cm 深度内的平均土壤基质势基本相同。

通过分析距离滴头横向距离 0～70cm、深度为 0～90cm 以内土壤基质势的变化规律可以发现，控制滴头横向距离 0 附近、20cm 深度处的土壤基质势明显影响到作物根系分布范围内的土壤基质势，滴头横向距离 0 附近、20cm 深度处土壤基质势控制的越高，马铃薯根系分布土壤范围内的平均土壤基质势越高，滴头横向距离 0 附近、20cm 深度处的土壤基质势控制的越低，马铃薯根系分布土壤范围内的平均土壤基质势越低。

2. 番茄土壤水分变化情况

图 3.7～图 3.11 为 S2D1、S2D2、S2D3、S2D4 及 S2D5 5 个处理不同深度与滴头不同横向距离的土壤基质势变化情况。整个生育期内土壤基质势呈锯齿形分布，0～50cm 土壤基质势的数值明显受到控制基质势的影响。

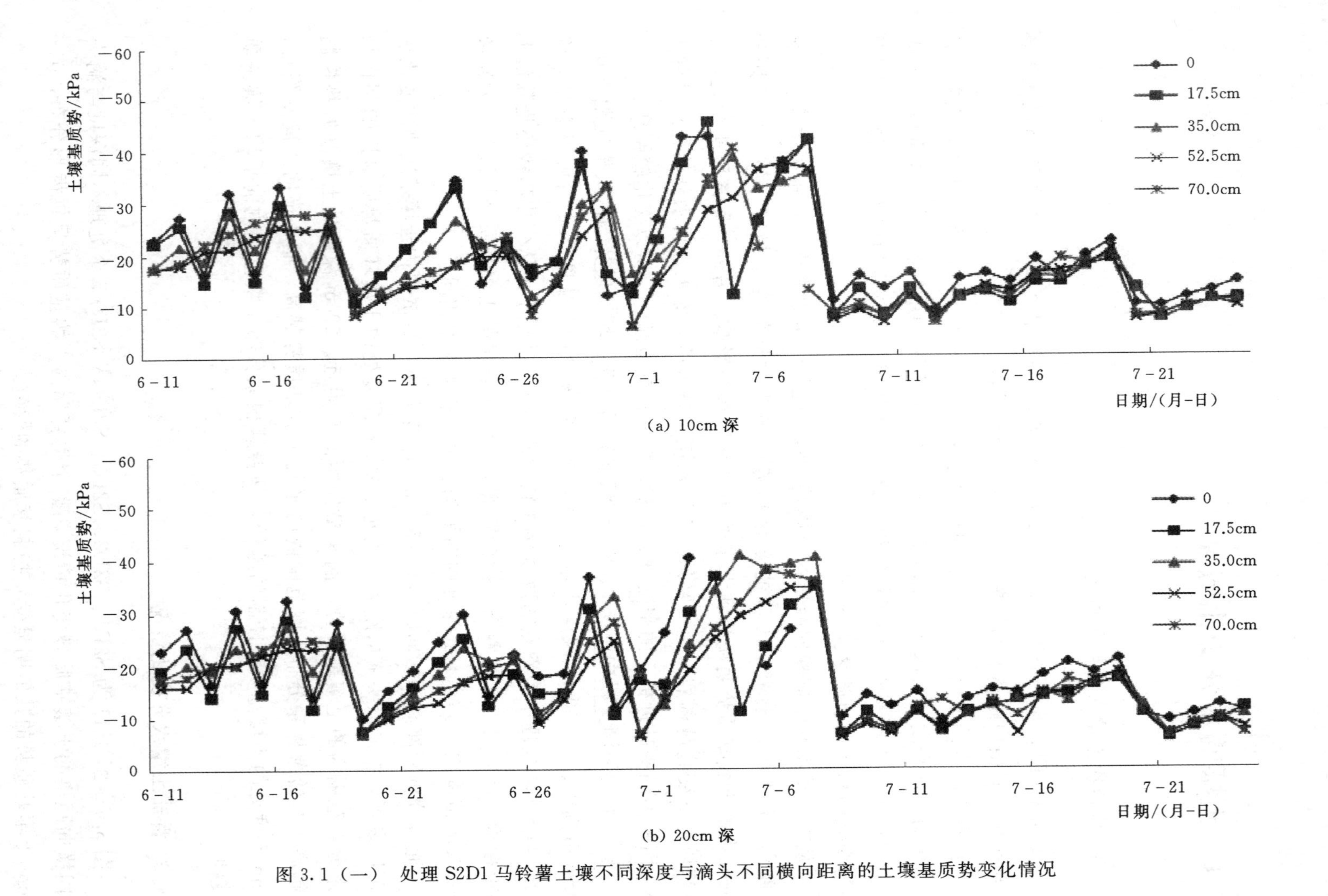

(a) 10cm 深

(b) 20cm 深

图 3.1（一） 处理 S2D1 马铃薯土壤不同深度与滴头不同横向距离的土壤基质势变化情况

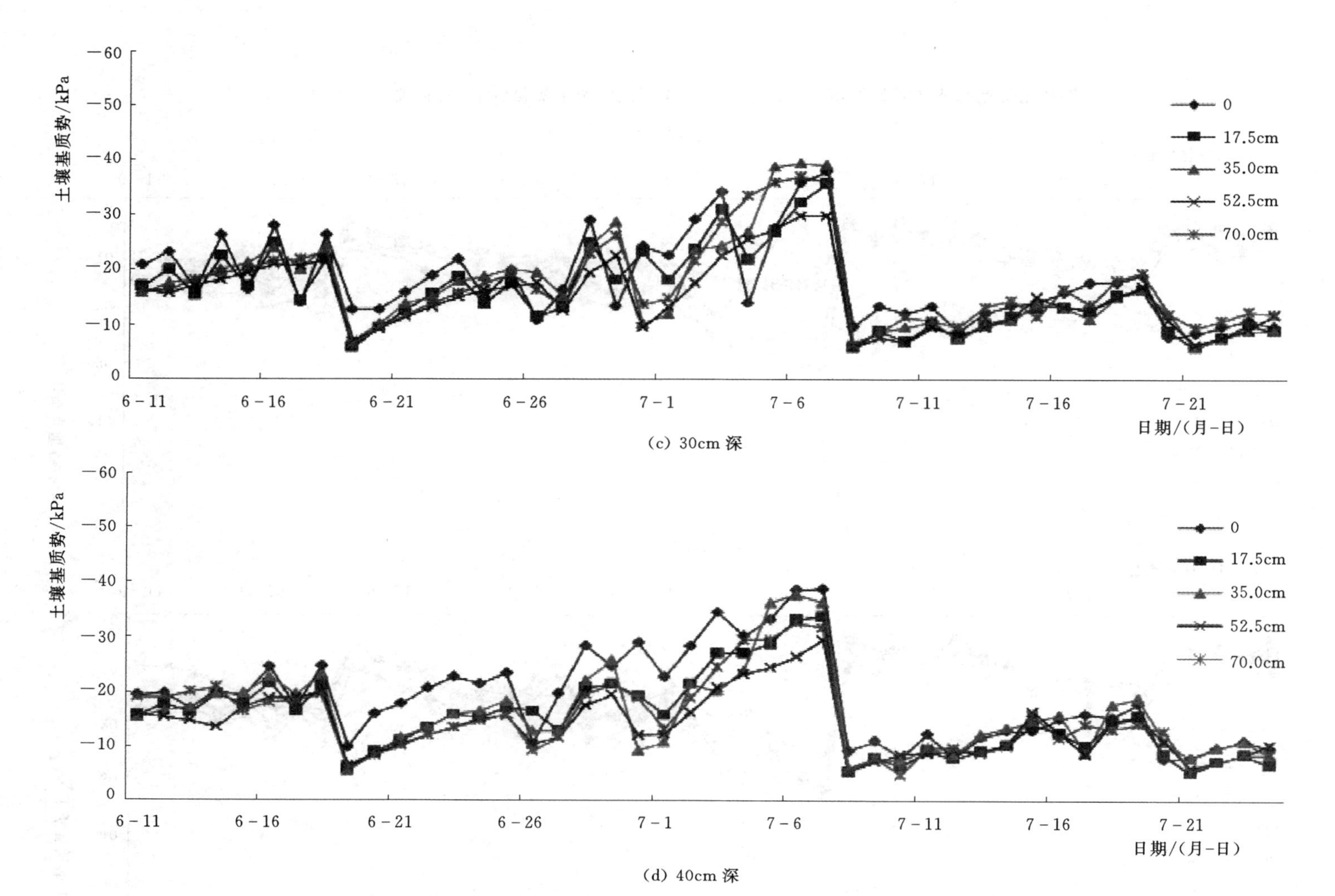

图 3.1（二） 处理 S2D1 马铃薯土壤不同深度与滴头不同横向距离的土壤基质势变化情况

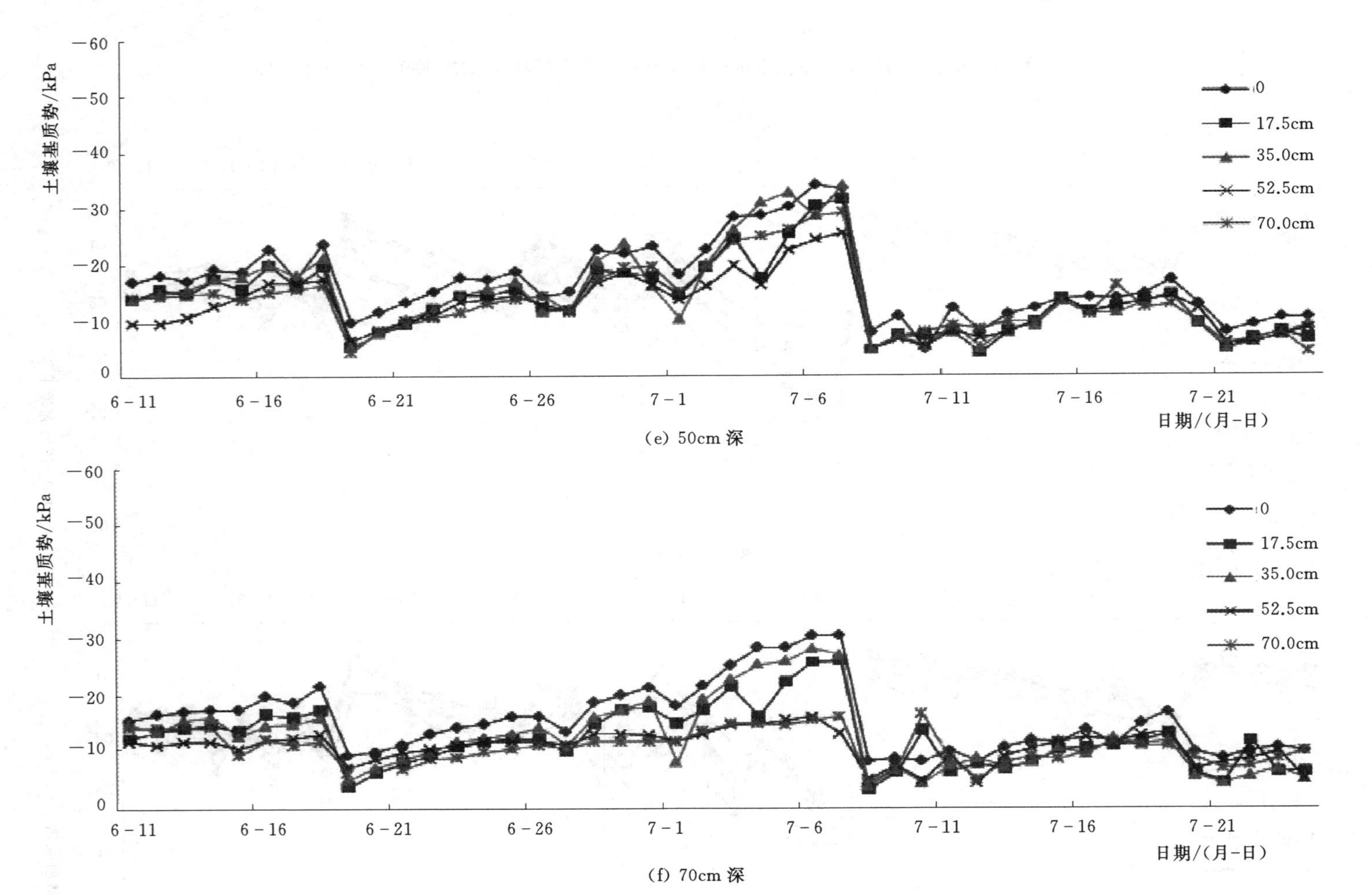

（e）50cm 深

（f）70cm 深

图 3.1（三）　处理 S2D1 马铃薯土壤不同深度与滴头不同横向距离的土壤基质势变化情况

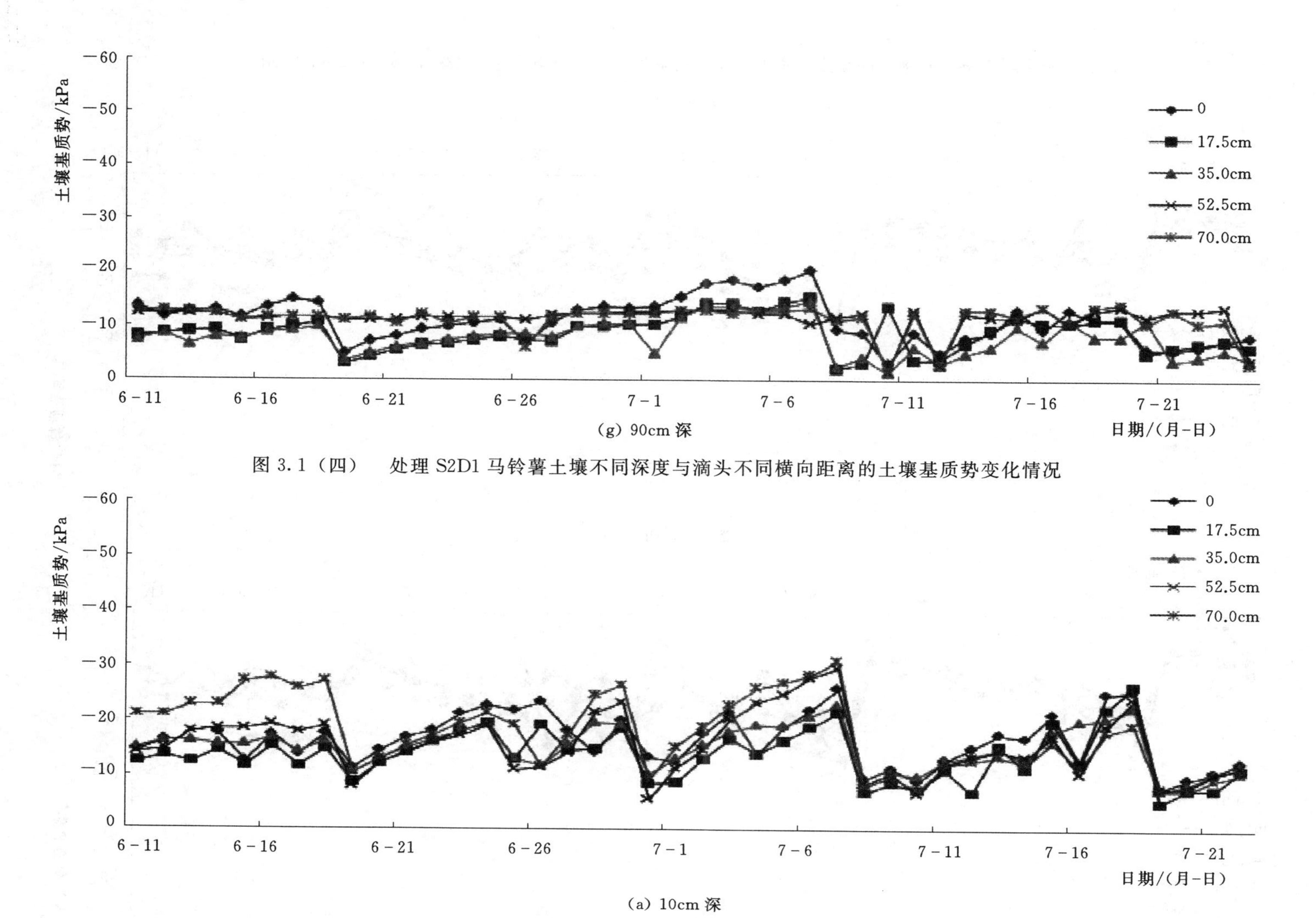

(g) 90cm 深

图 3.1（四） 处理 S2D1 马铃薯土壤不同深度与滴头不同横向距离的土壤基质势变化情况

(a) 10cm 深

图 3.2（一） 处理 S2D2 马铃薯土壤不同深度与滴头不同横向距离的土壤基质势变化情况

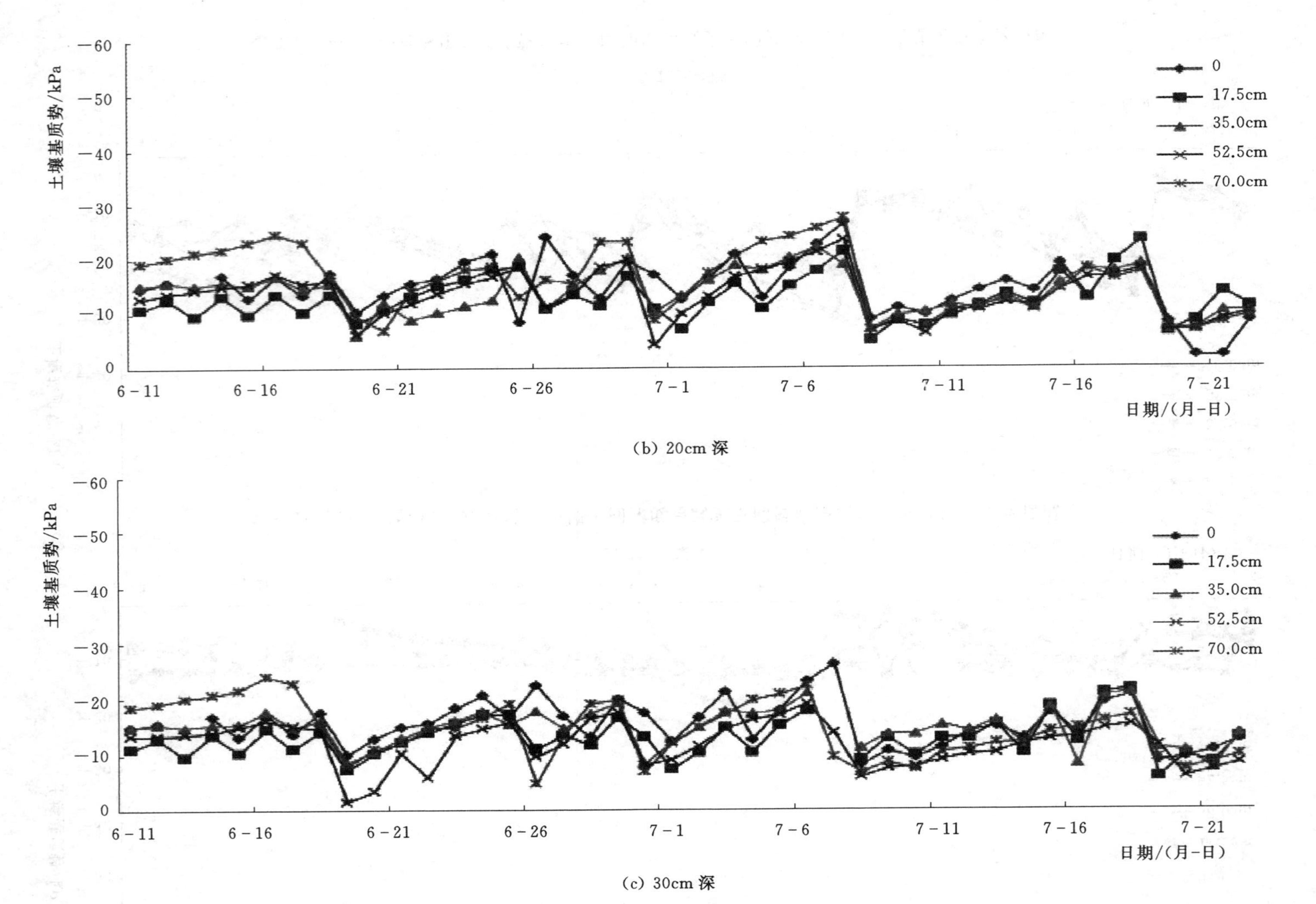

图 3.2（二）　处理 S2D2 马铃薯土壤不同深度与滴头不同横向距离的土壤基质势变化情况

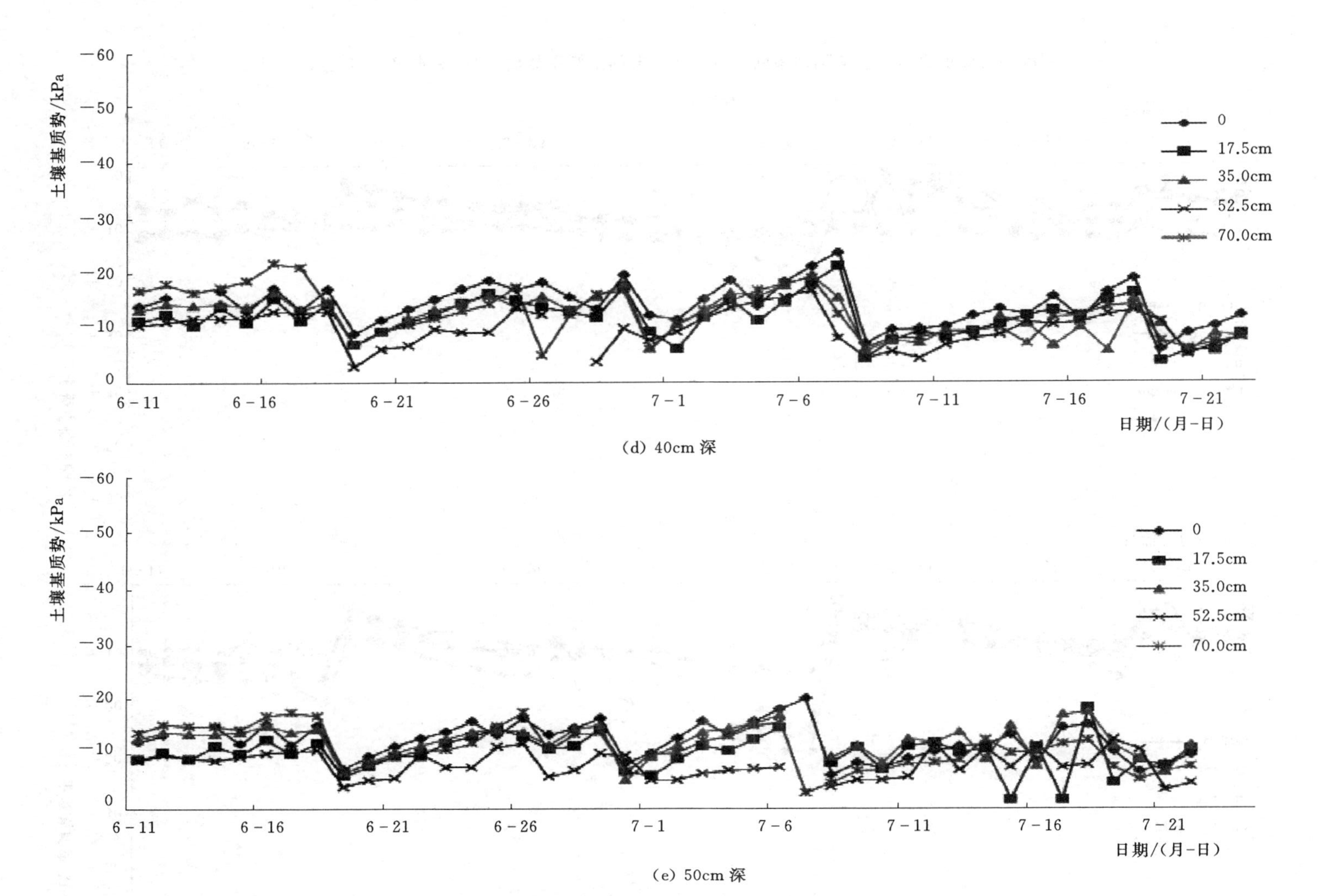

(d) 40cm 深

(e) 50cm 深

图 3.2（三） 处理 S2D2 马铃薯土壤不同深度与滴头不同横向距离的土壤基质势变化情况

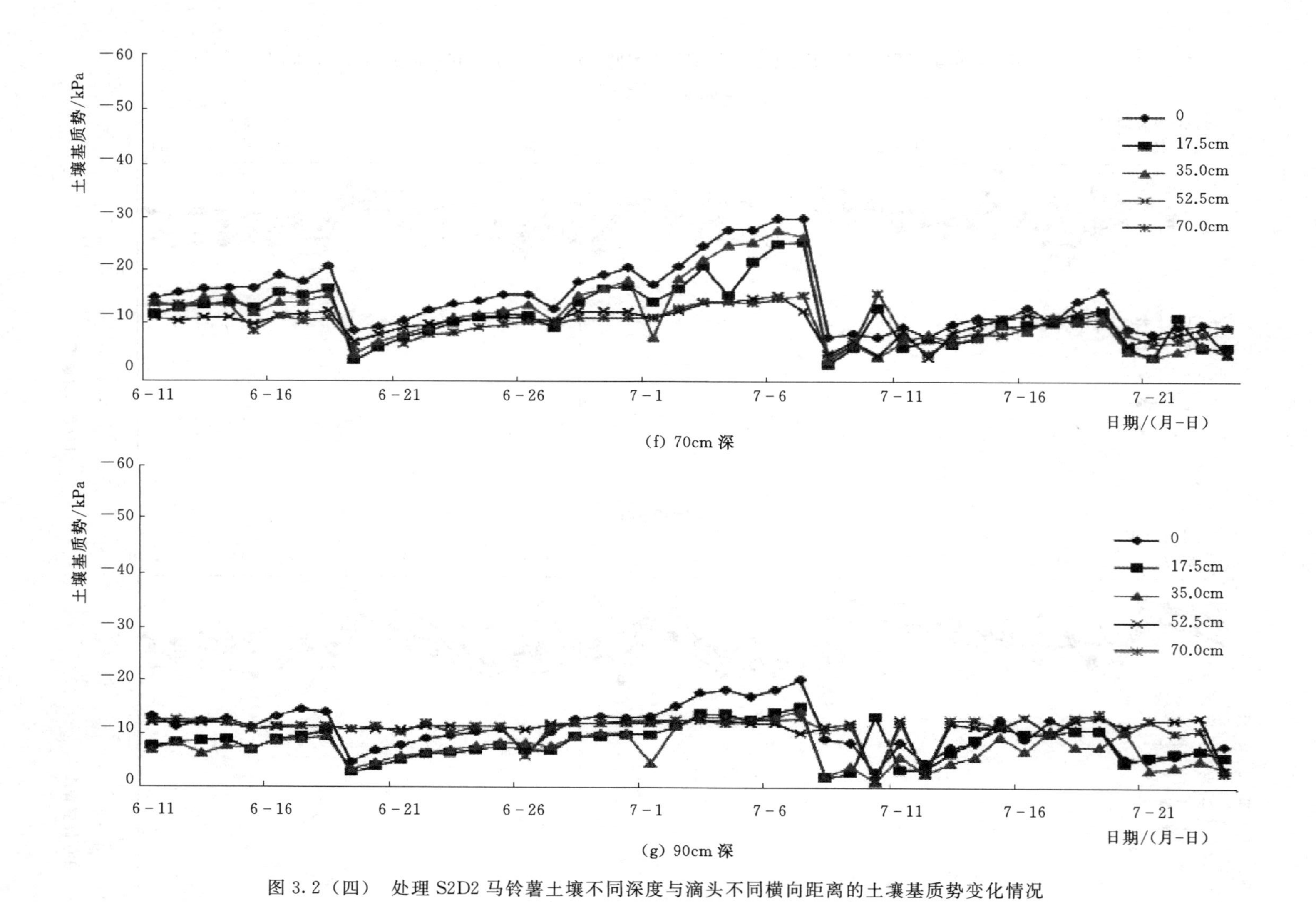

(f) 70cm 深

(g) 90cm 深

图 3.2（四） 处理 S2D2 马铃薯土壤不同深度与滴头不同横向距离的土壤基质势变化情况

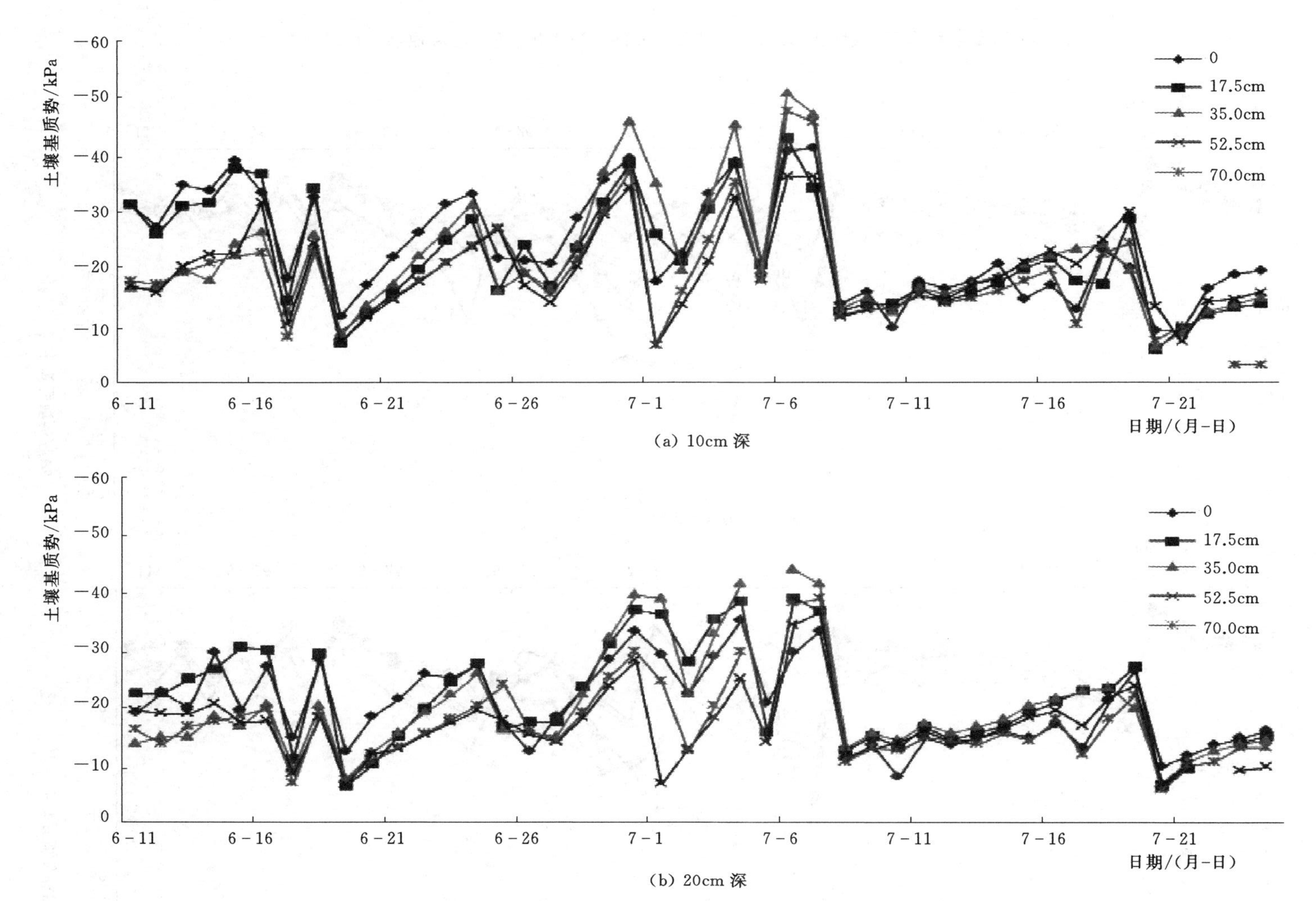

图 3.3（一） 处理 S2D3 马铃薯土壤不同深度与滴头不同横向距离的土壤基质势变化情况

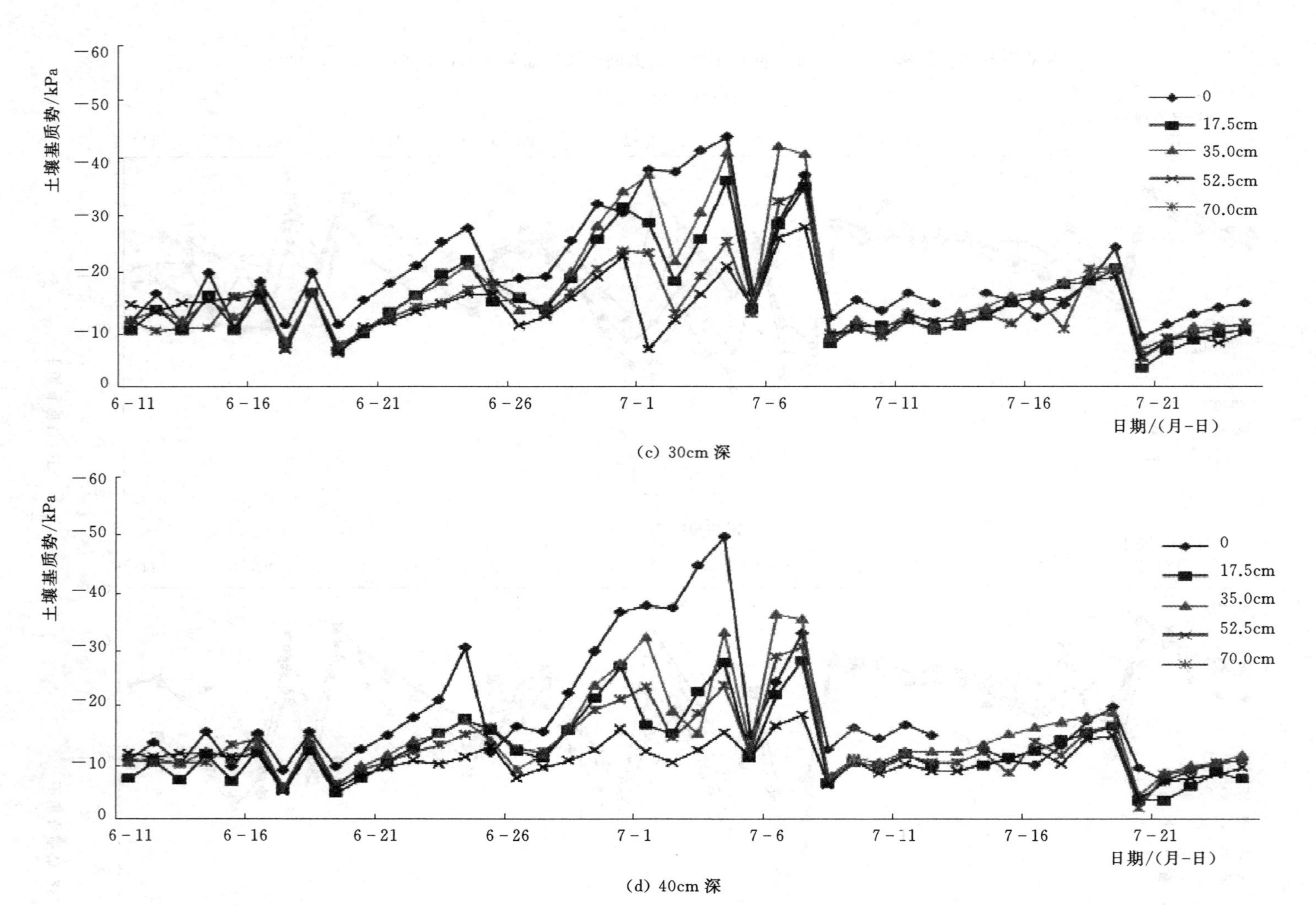

(c) 30cm 深

(d) 40cm 深

图 3.3（二）　处理 S2D3 马铃薯土壤不同深度与滴头不同横向距离的土壤基质势变化情况

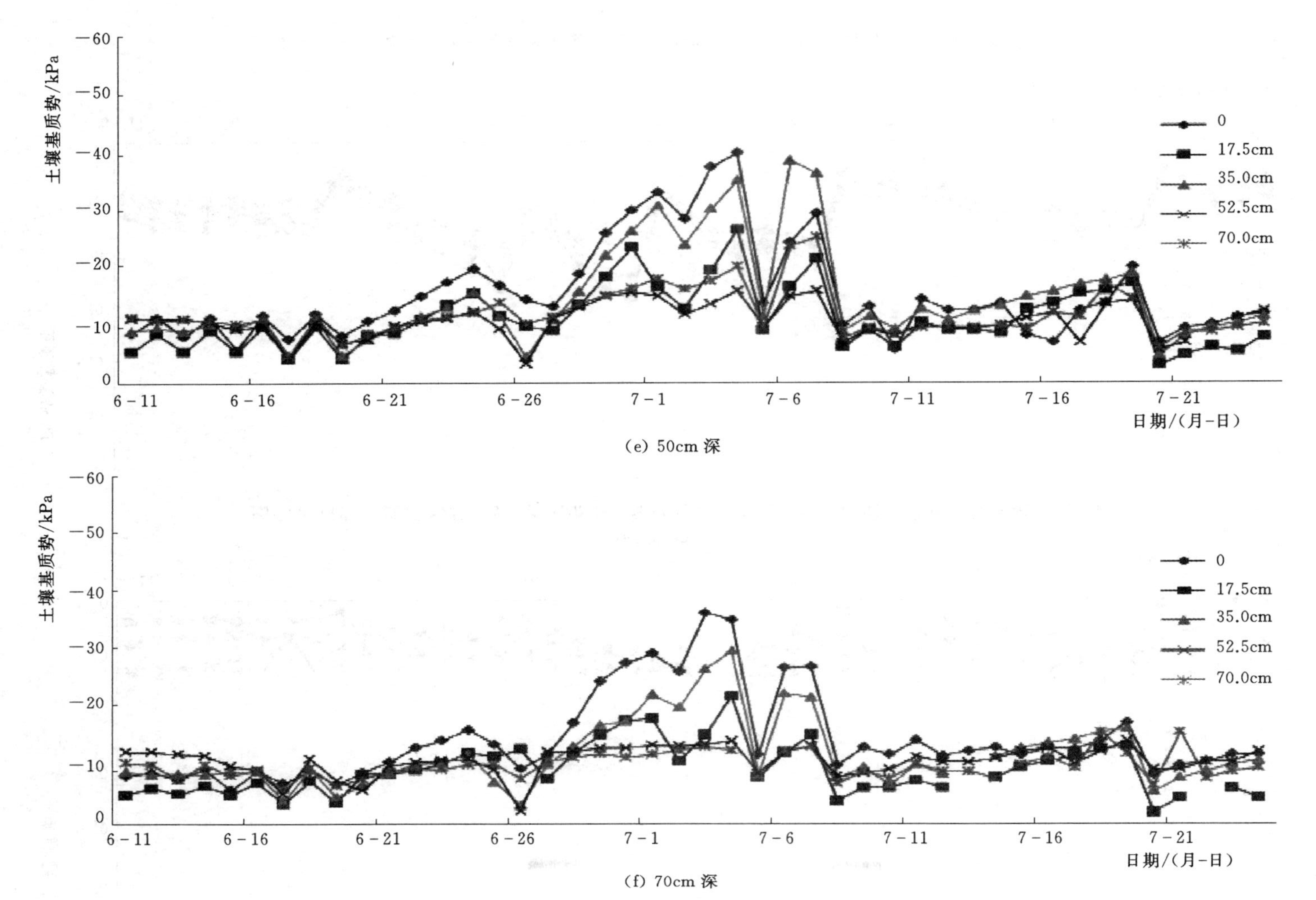

(e) 50cm 深

(f) 70cm 深

图 3.3（三） 处理 S2D3 马铃薯土壤不同深度与滴头不同横向距离的土壤基质势变化情况

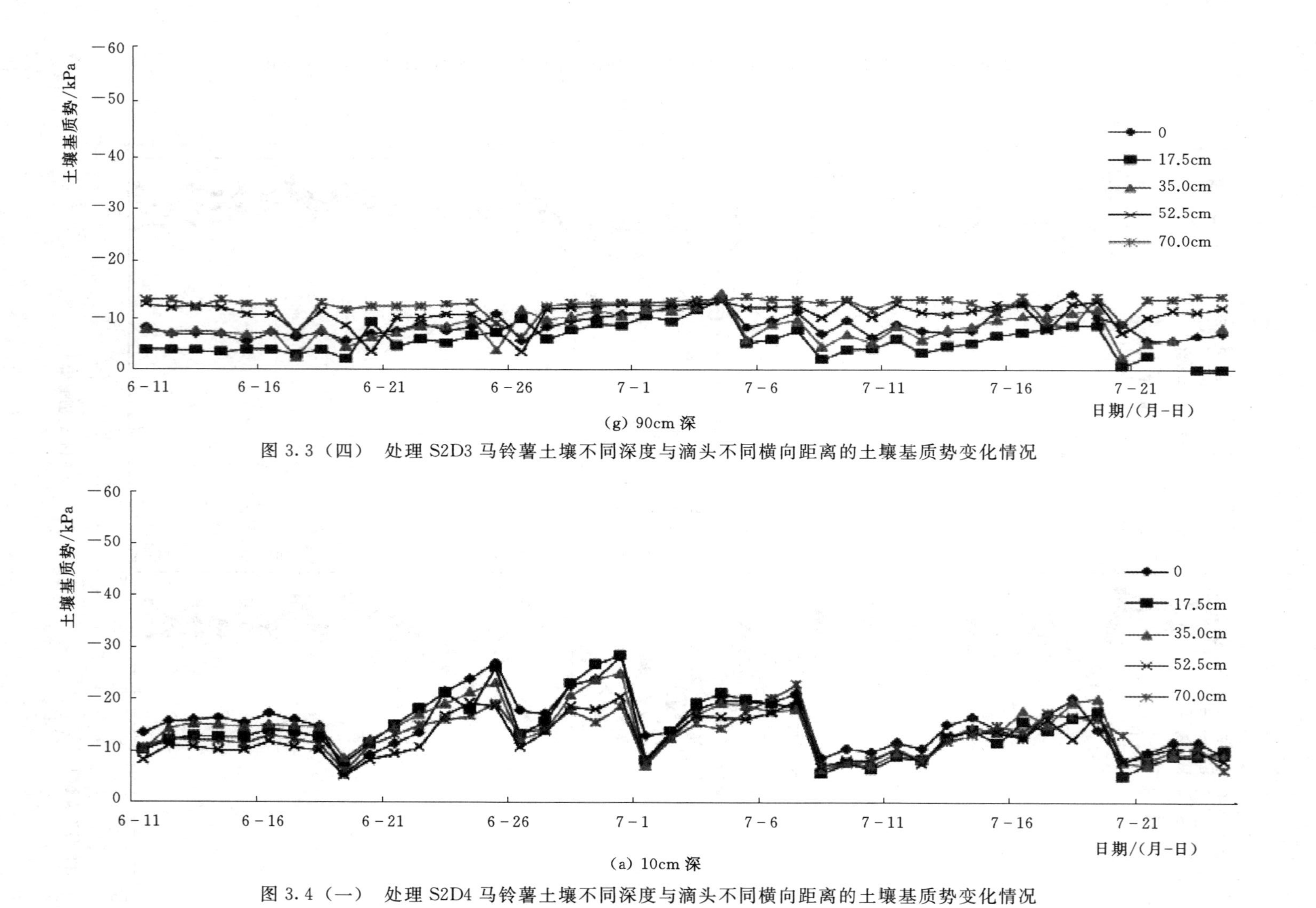

(g) 90cm深

图3.3（四） 处理S2D3马铃薯土壤不同深度与滴头不同横向距离的土壤基质势变化情况

(a) 10cm深

图3.4（一） 处理S2D4马铃薯土壤不同深度与滴头不同横向距离的土壤基质势变化情况

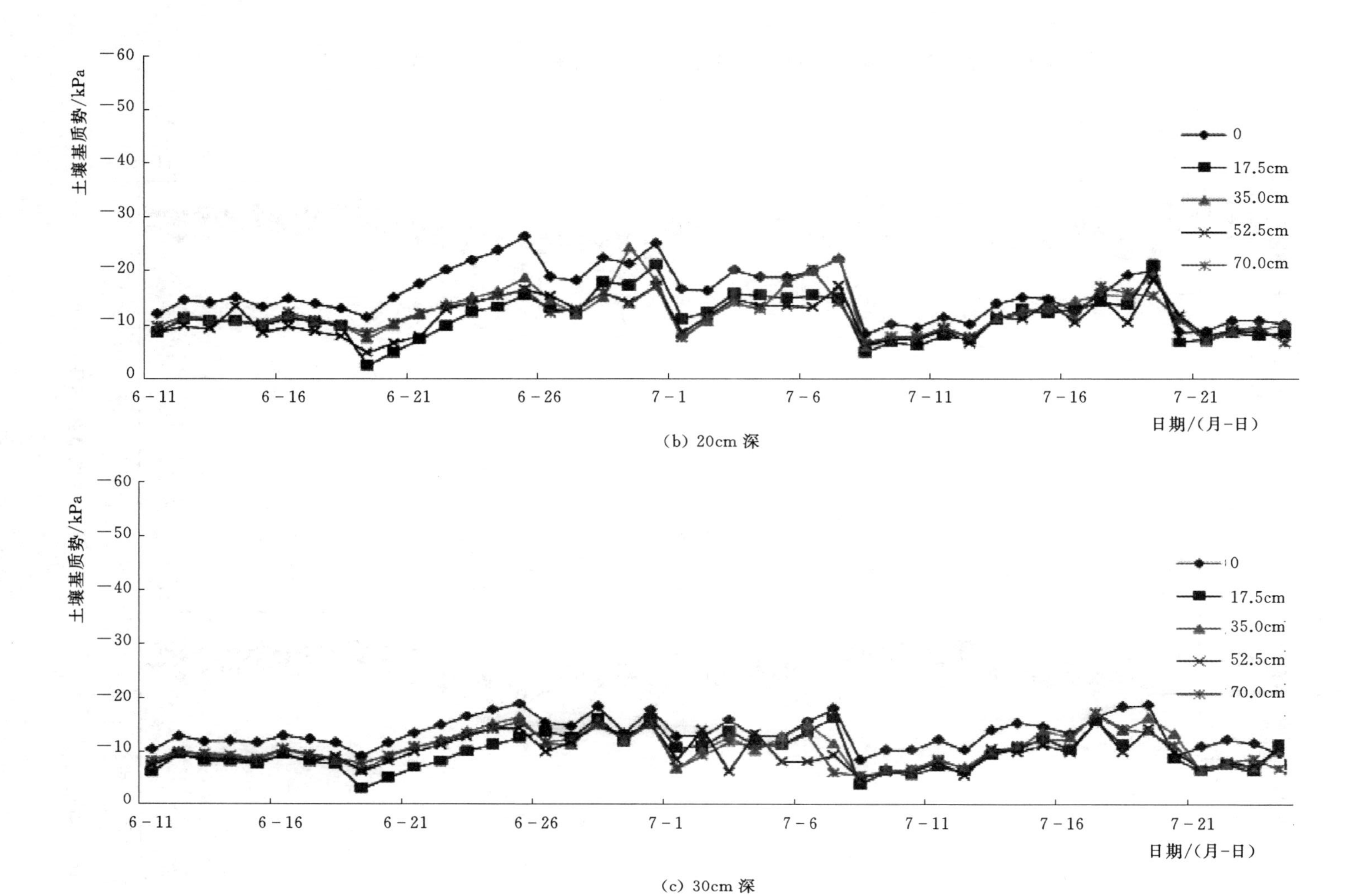

(b) 20cm 深

(c) 30cm 深

图 3.4（二） 处理 S2D4 马铃薯土壤不同深度与滴头不同横向距离的土壤基质势变化情况

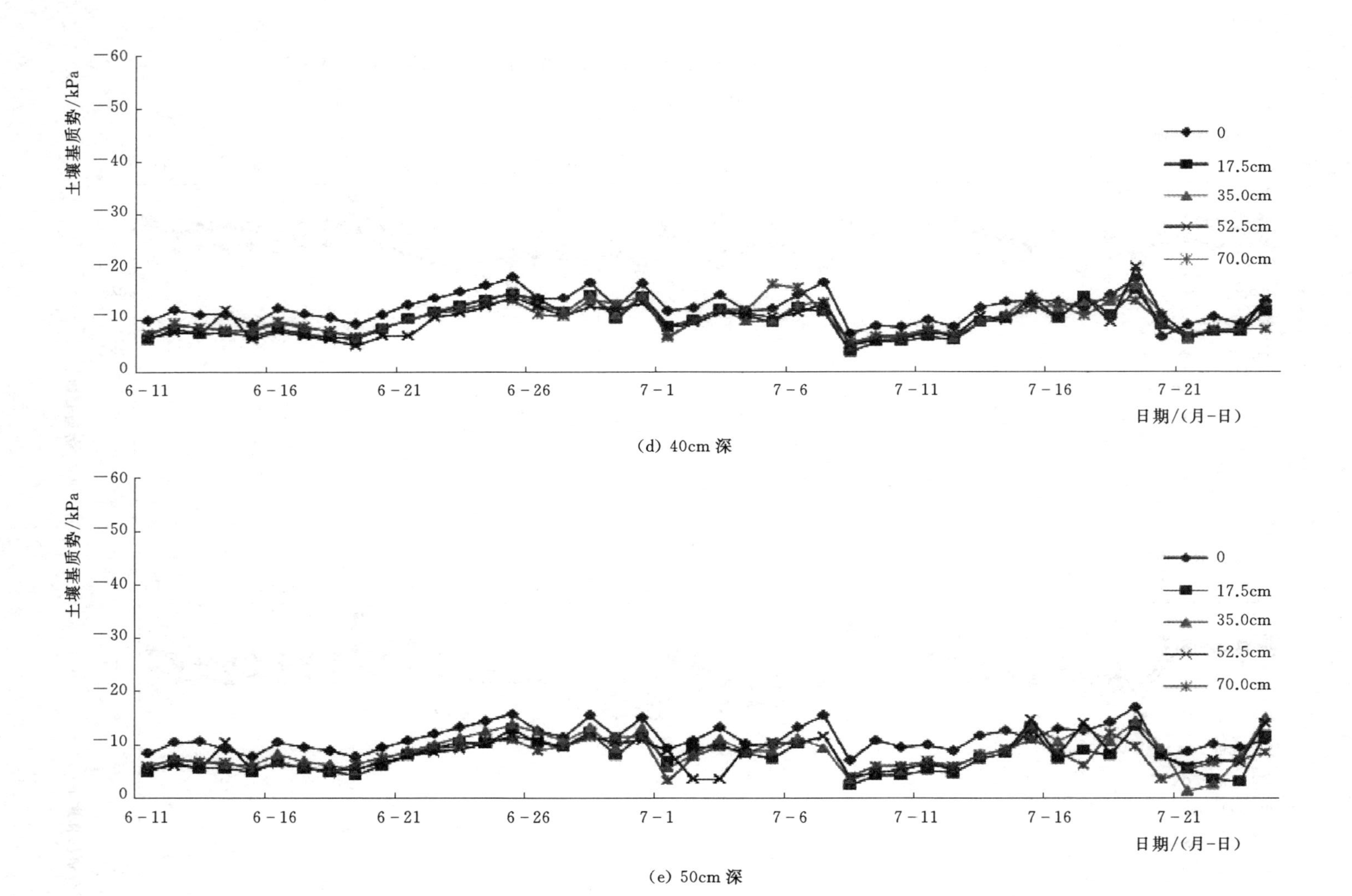

(d) 40cm 深

(e) 50cm 深

图 3.4（三）　处理 S2D4 马铃薯土壤不同深度与滴头不同横向距离的土壤基质势变化情况

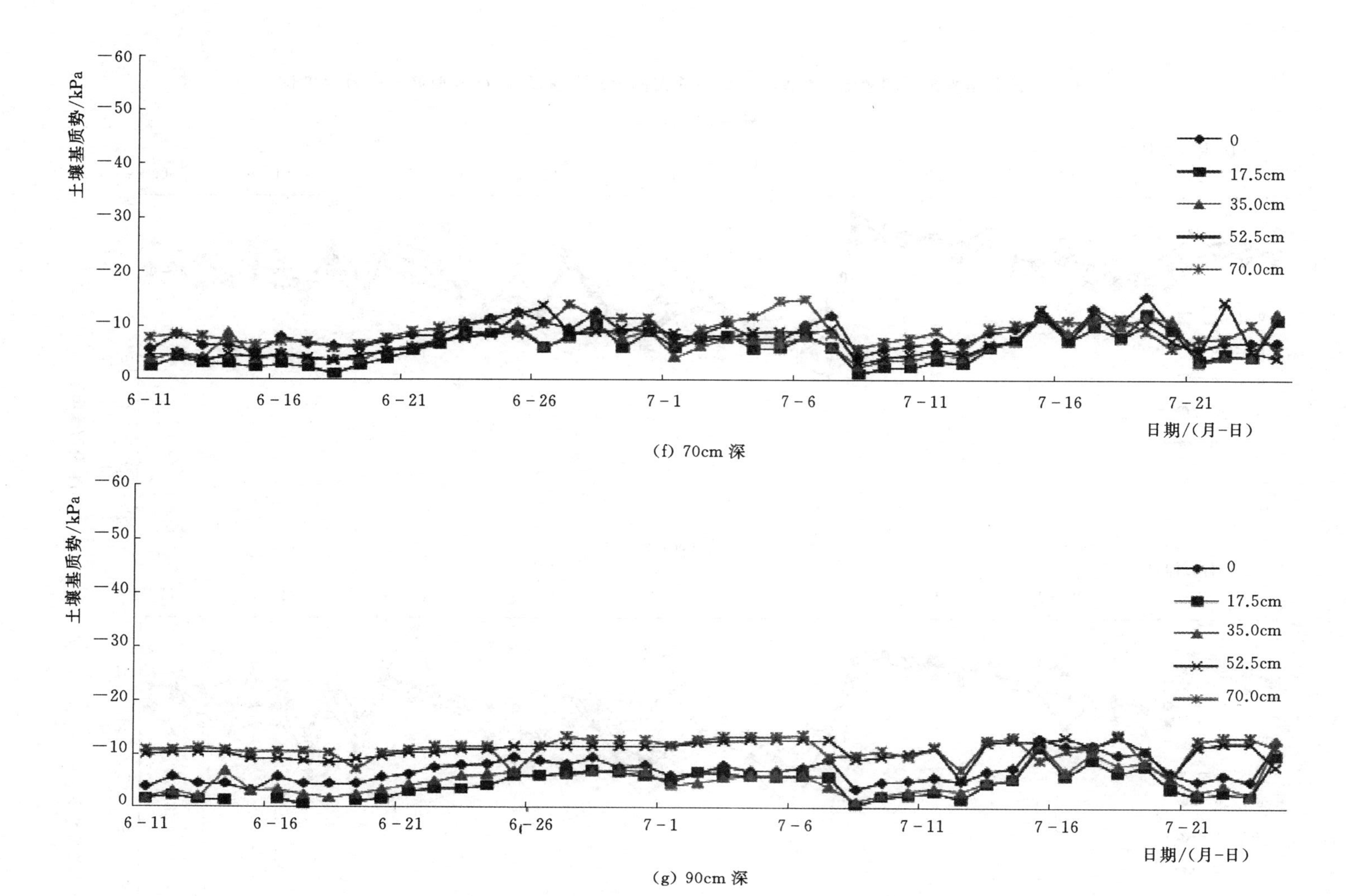

(f) 70cm深

(g) 90cm深

图 3.4（四） 处理 S2D4 马铃薯土壤不同深度与滴头不同横向距离的土壤基质势变化情况

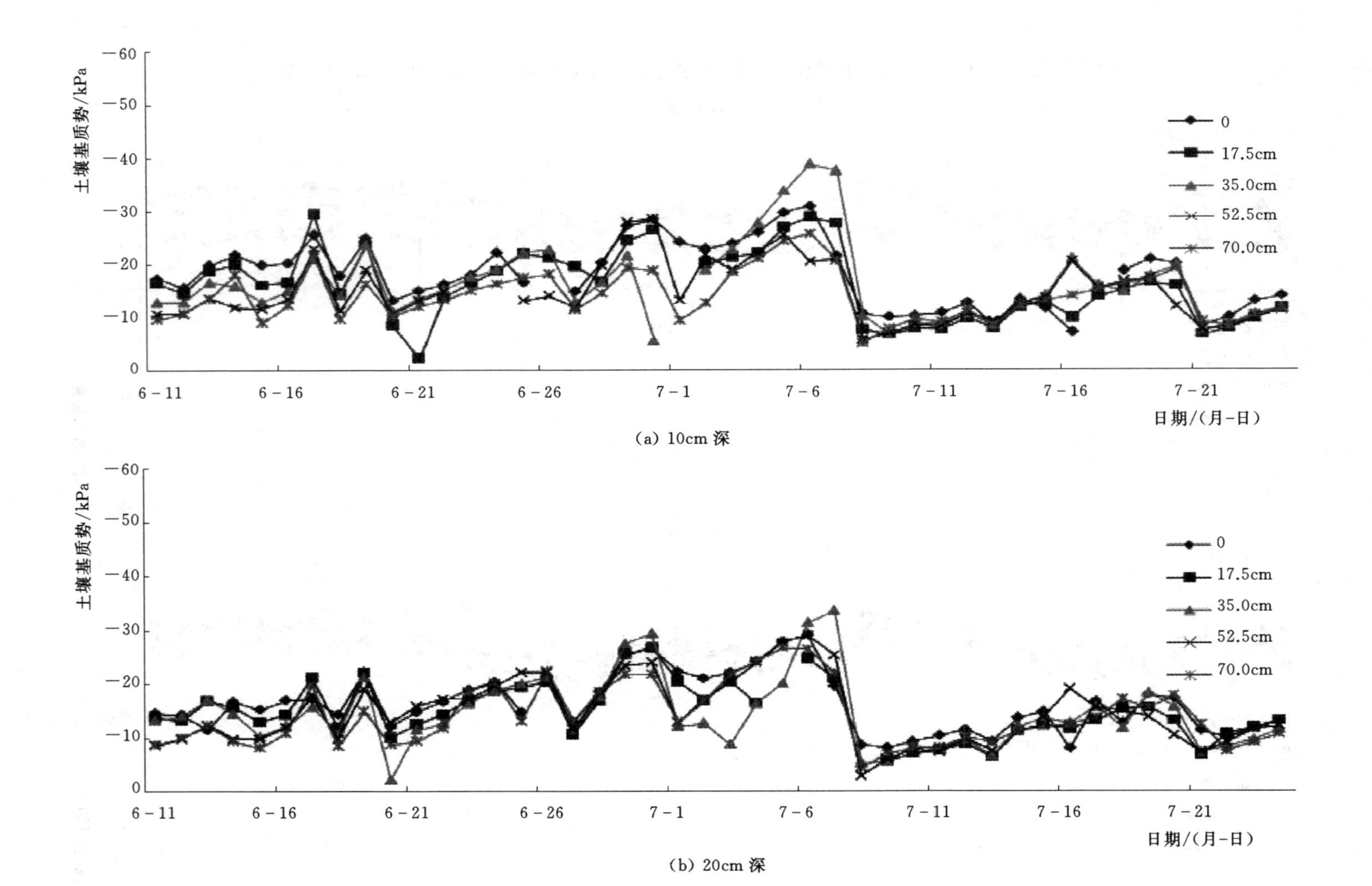

（a）10cm深

（b）20cm深

图 3.5（一） 处理 S2D5 马铃薯土壤不同深度与滴头不同横向距离的土壤基质势变化情况

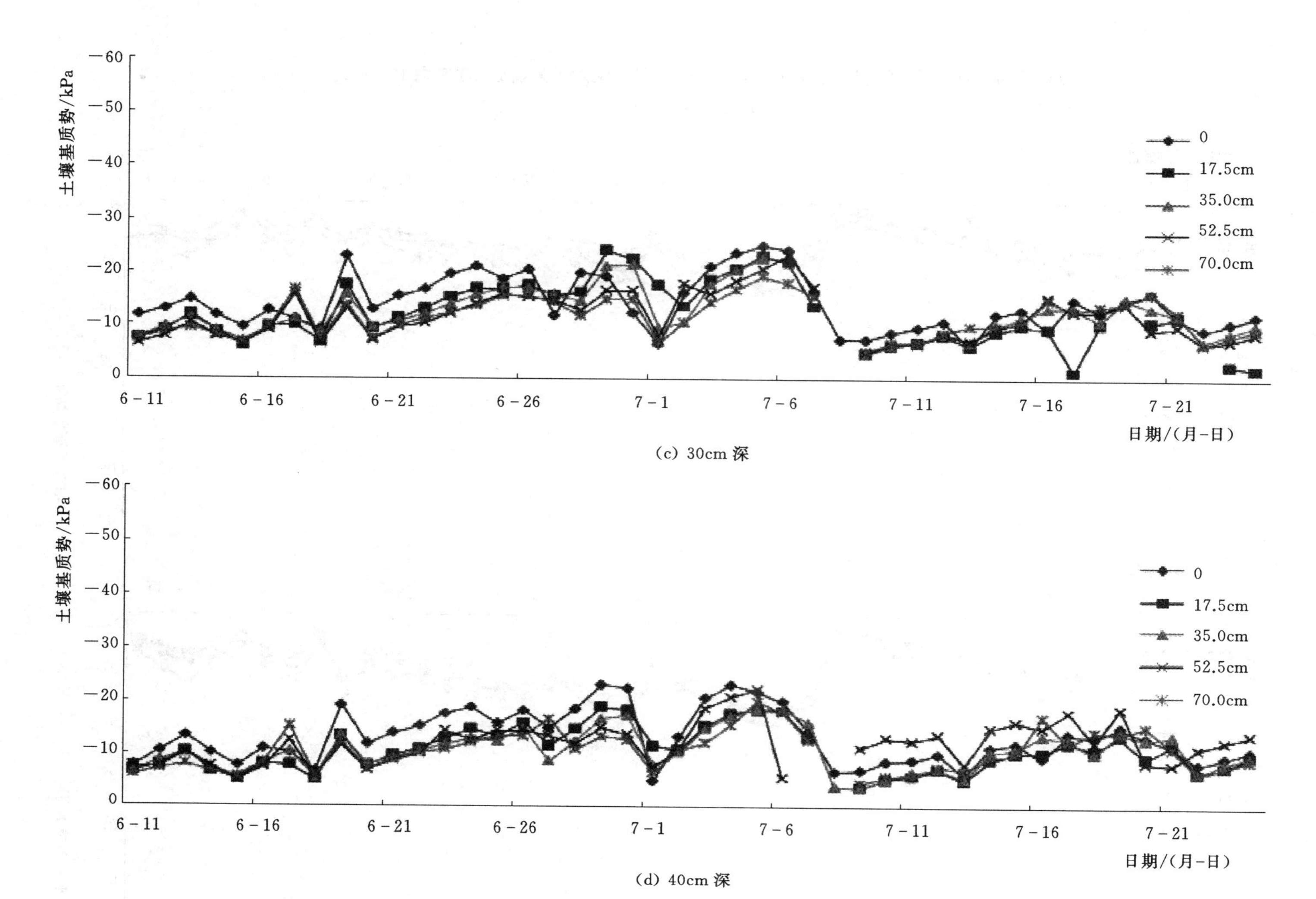

图 3.5（二）　处理 S2D5 马铃薯土壤不同深度与滴头不同横向距离的土壤基质势变化情况

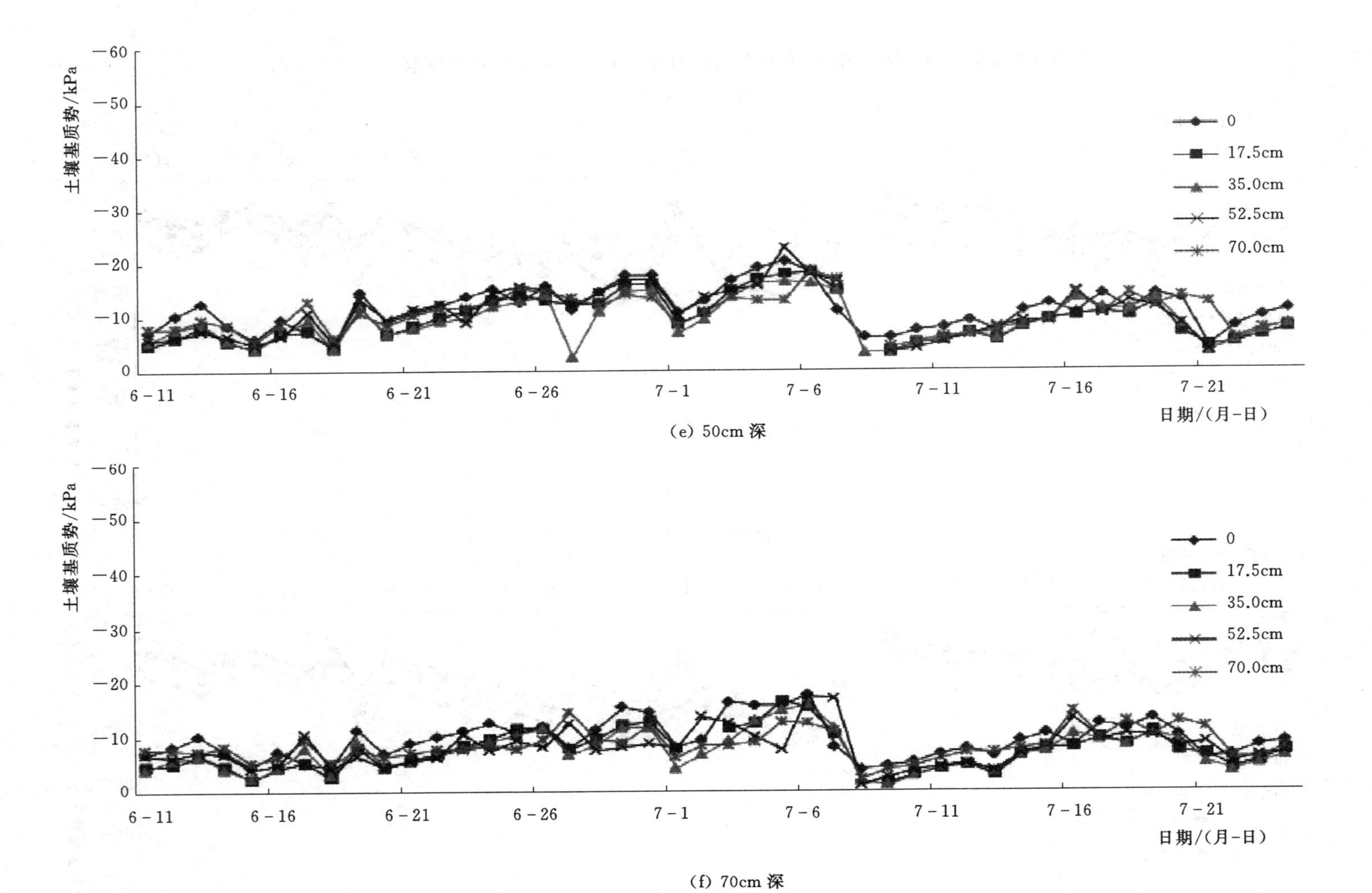

图3.5（三） 处理S2D5马铃薯土壤不同深度与滴头不同横向距离的土壤基质势变化情况

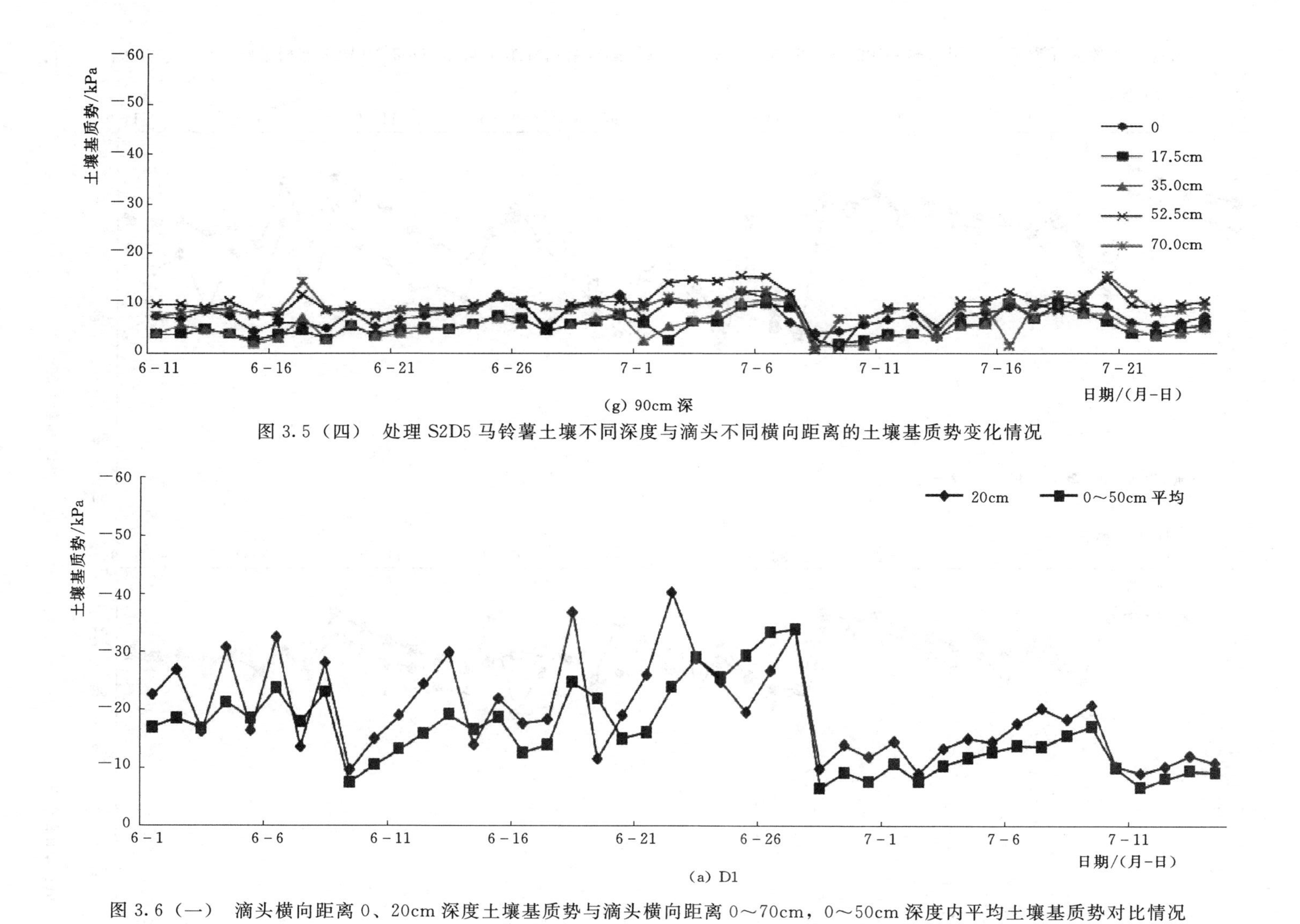

（g）90cm 深

图 3.5（四） 处理 S2D5 马铃薯土壤不同深度与滴头不同横向距离的土壤基质势变化情况

（a）D1

图 3.6（一） 滴头横向距离 0、20cm 深度土壤基质势与滴头横向距离 0～70cm，0～50cm 深度内平均土壤基质势对比情况

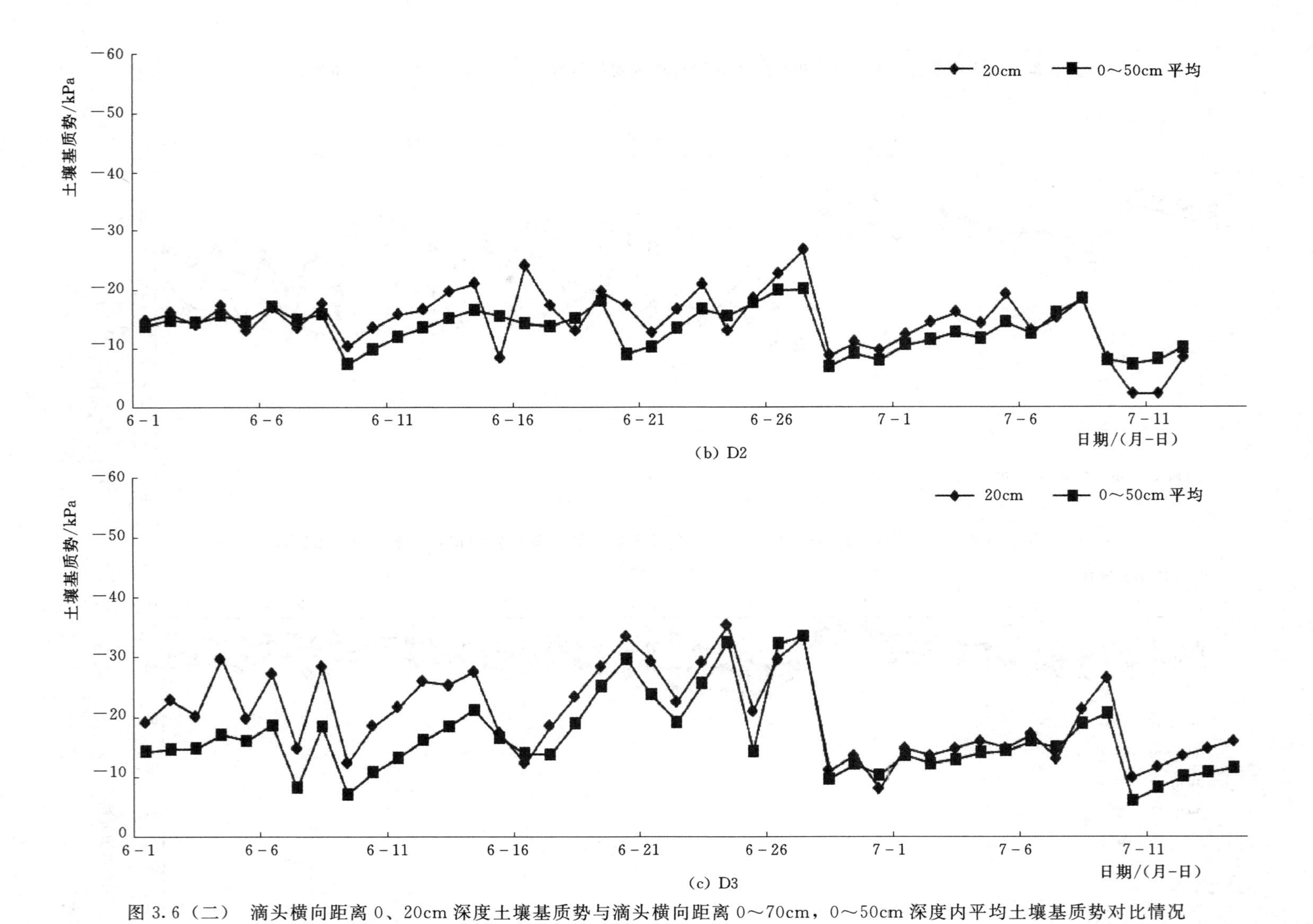

图3.6（二） 滴头横向距离0、20cm深度土壤基质势与滴头横向距离0～70cm，0～50cm深度内平均土壤基质势对比情况

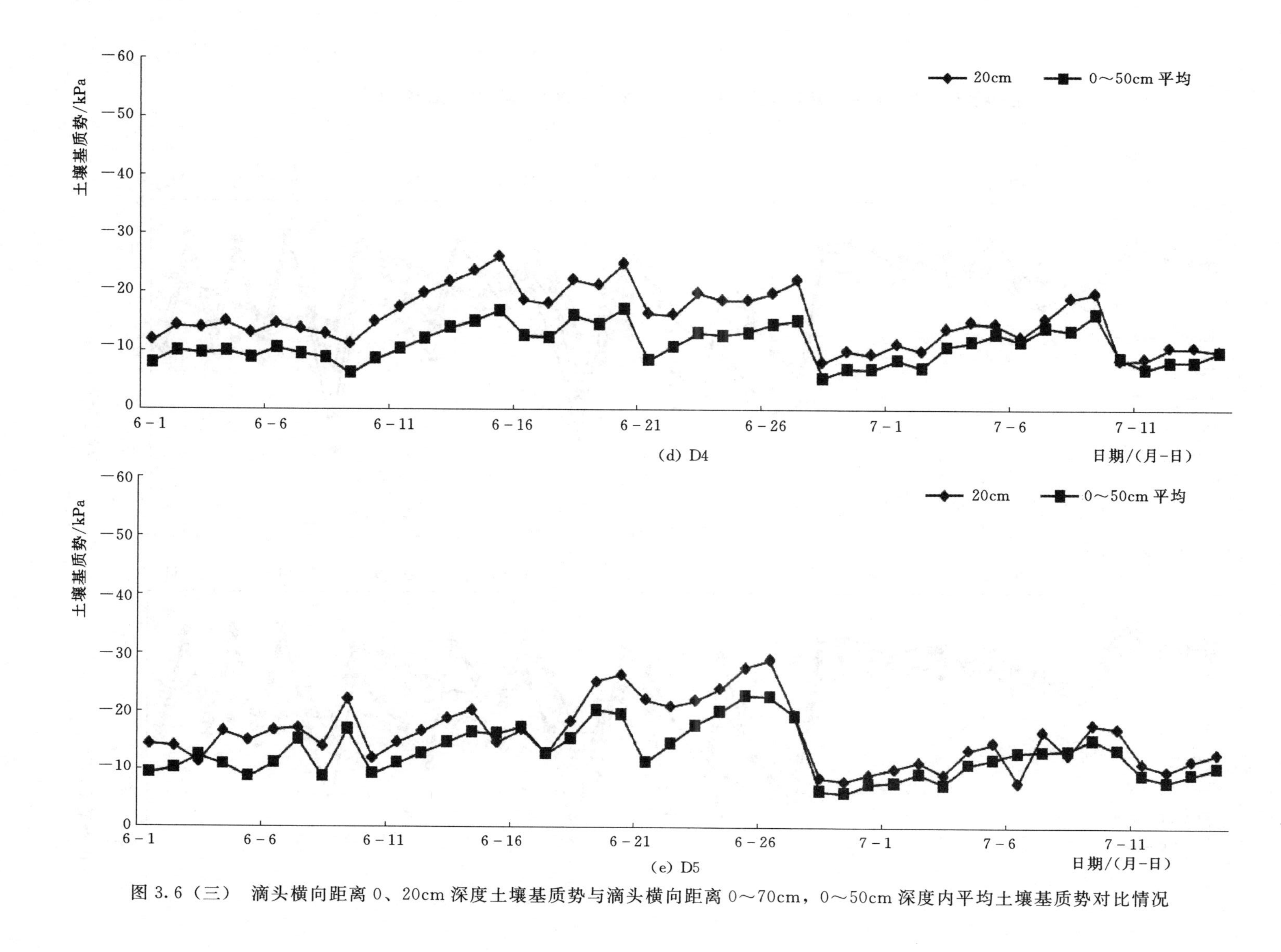

图 3.6（三） 滴头横向距离 0、20cm 深度土壤基质势与滴头横向距离 0～70cm，0～50cm 深度内平均土壤基质势对比情况

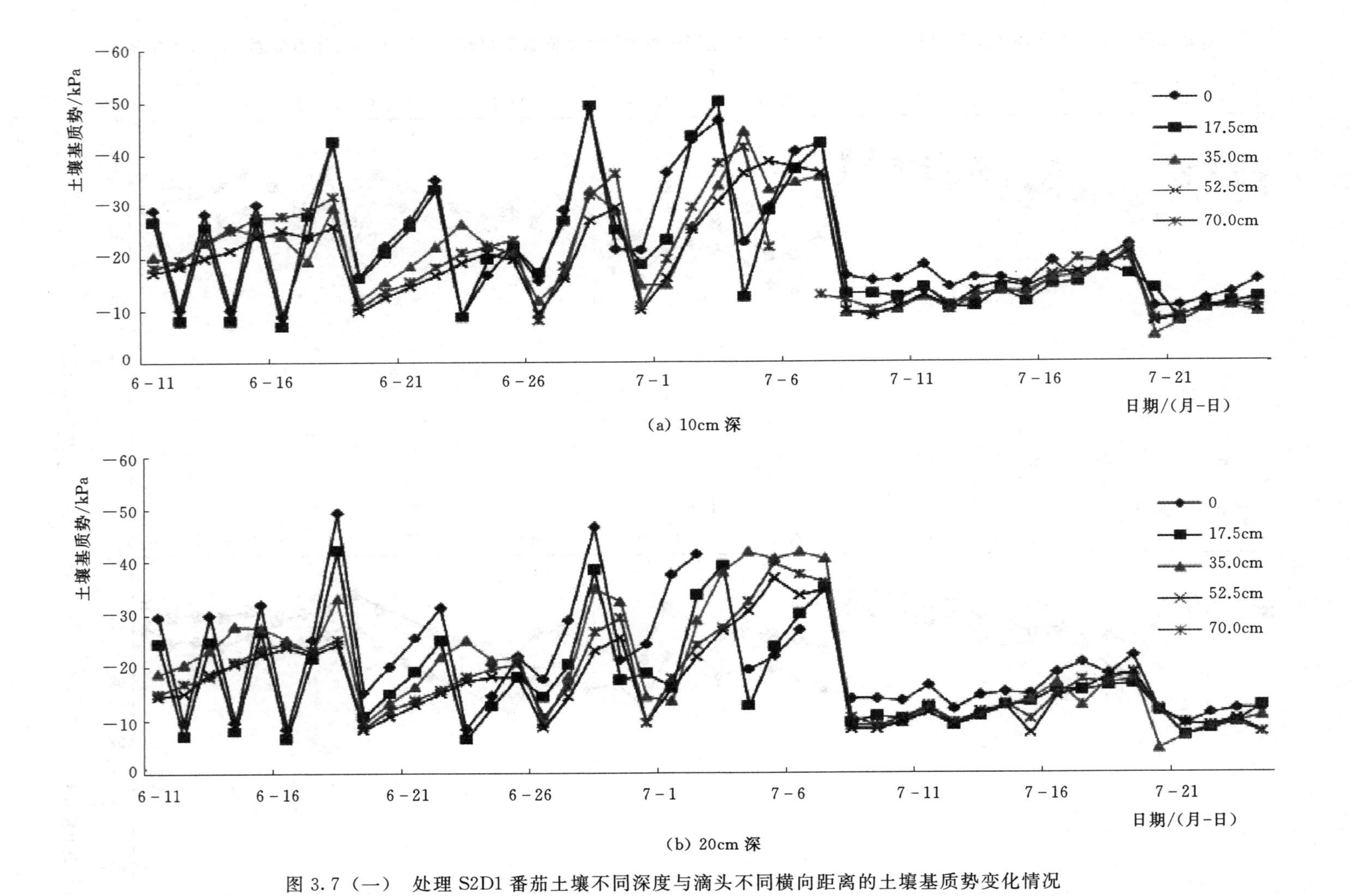

(a) 10cm 深

(b) 20cm 深

图 3.7（一）　处理 S2D1 番茄土壤不同深度与滴头不同横向距离的土壤基质势变化情况

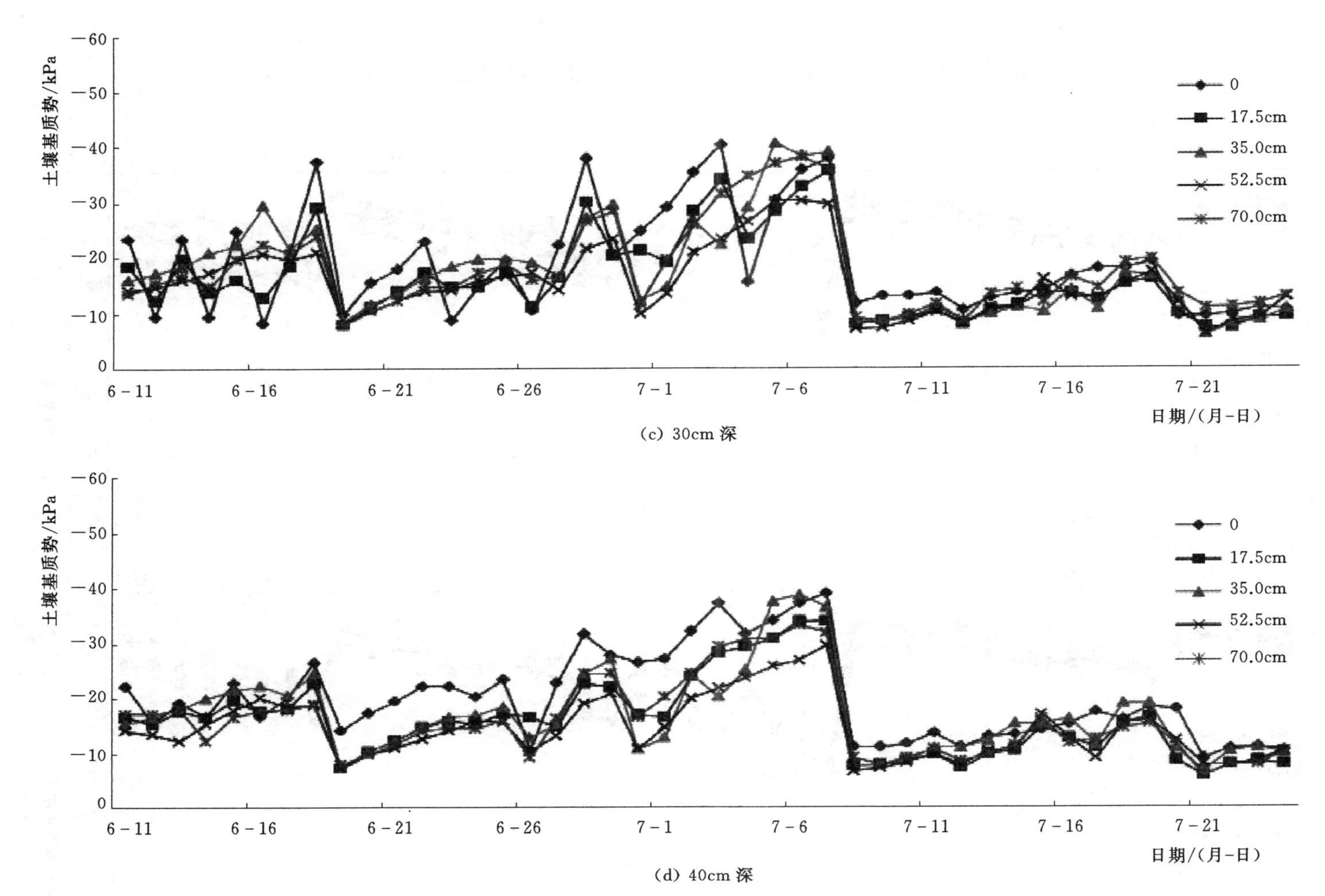

图 3.7（二） 处理 S2D1 番茄土壤不同深度与滴头不同横向距离的土壤基质势变化情况

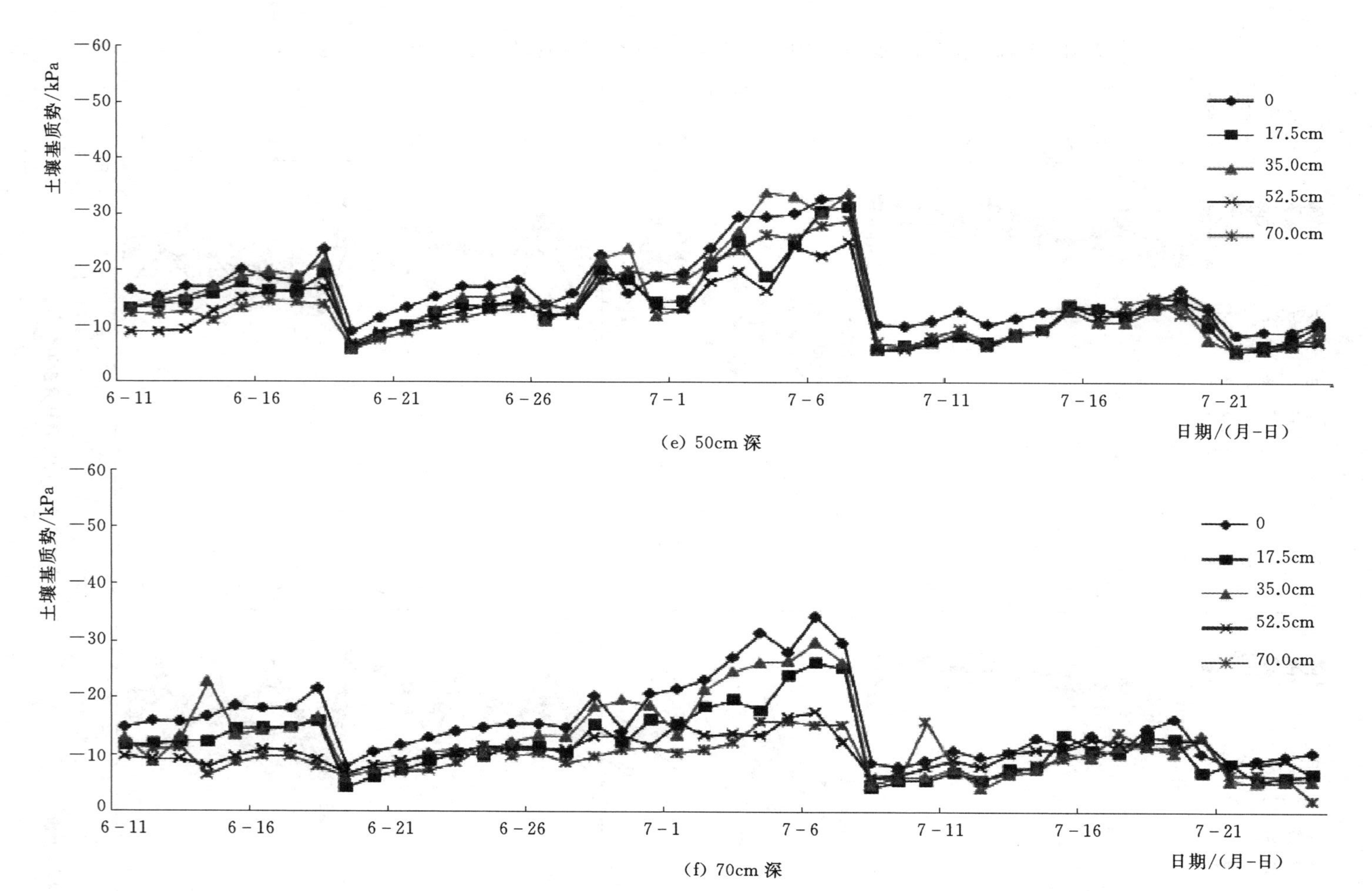

(e) 50cm 深

(f) 70cm 深

图 3.7（三）　处理 S2D1 番茄土壤不同深度与滴头不同横向距离的土壤基质势变化情况

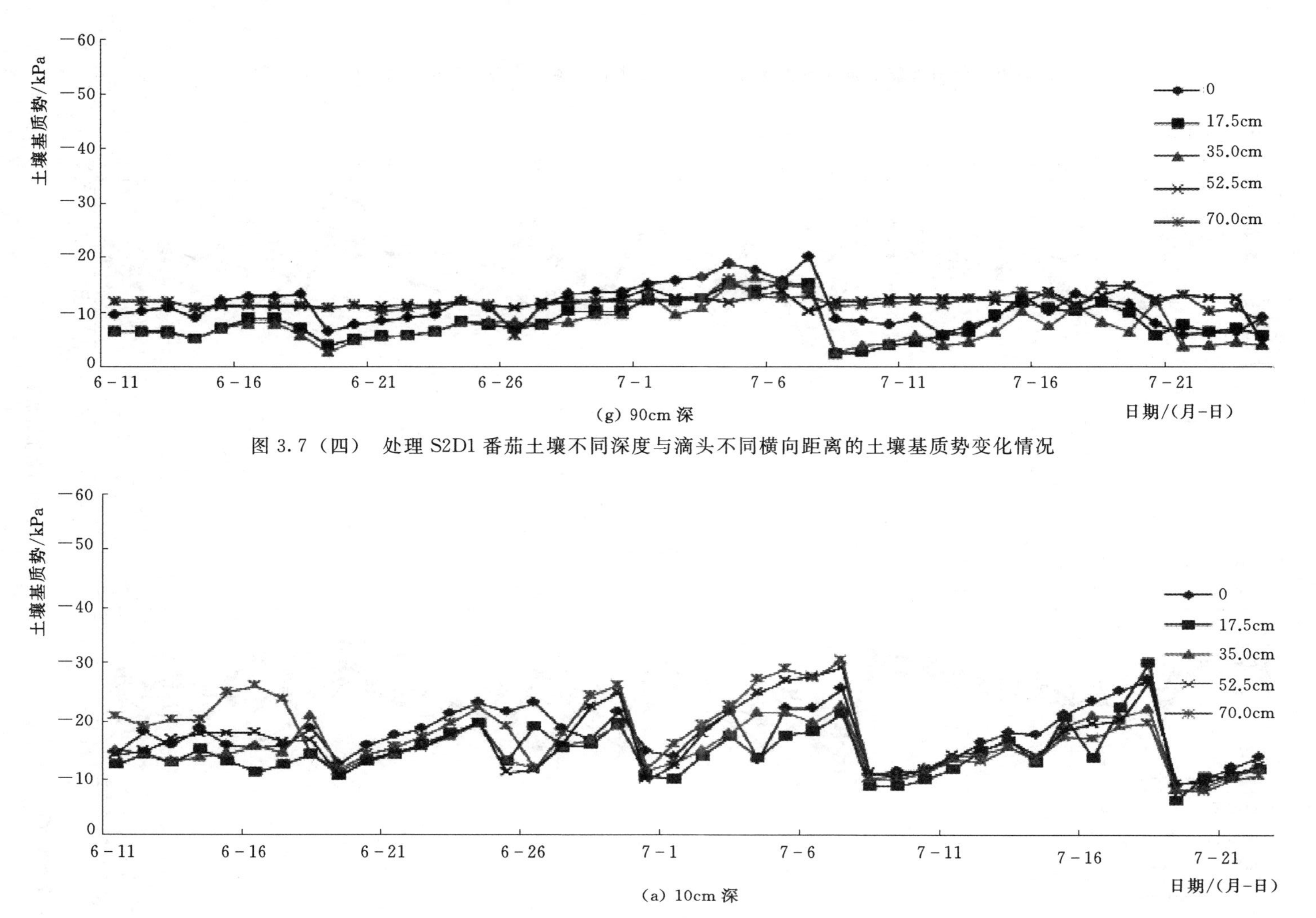

(g) 90cm 深

图 3.7（四） 处理 S2D1 番茄土壤不同深度与滴头不同横向距离的土壤基质势变化情况

(a) 10cm 深

图 3.8（一） 处理 S2D2 番茄土壤不同深度与滴头不同横向距离的土壤基质势变化情况

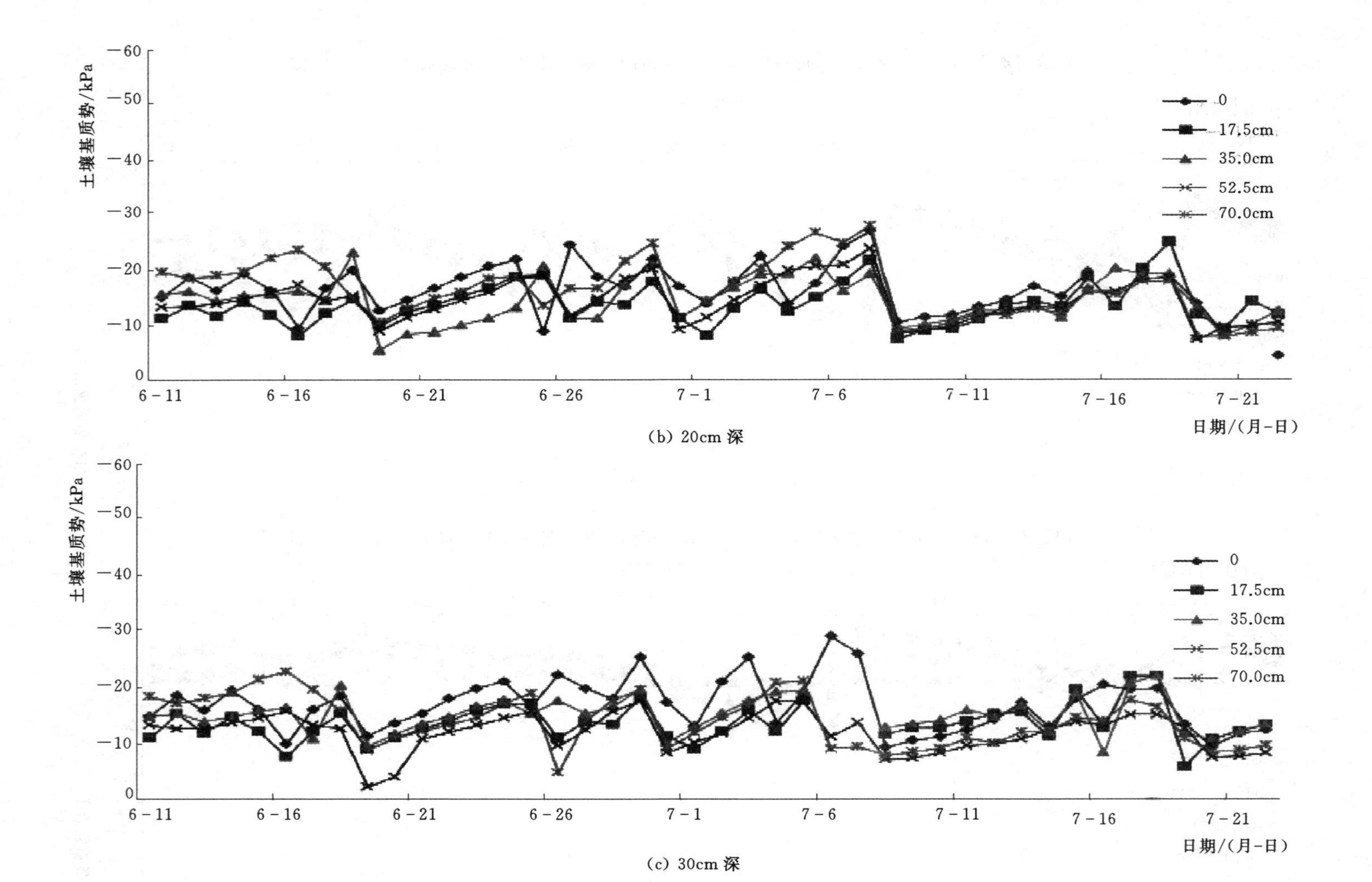

图 3.8（二）　处理 S2D2 番茄土壤不同深度与滴头不同横向距离的土壤基质势变化情况

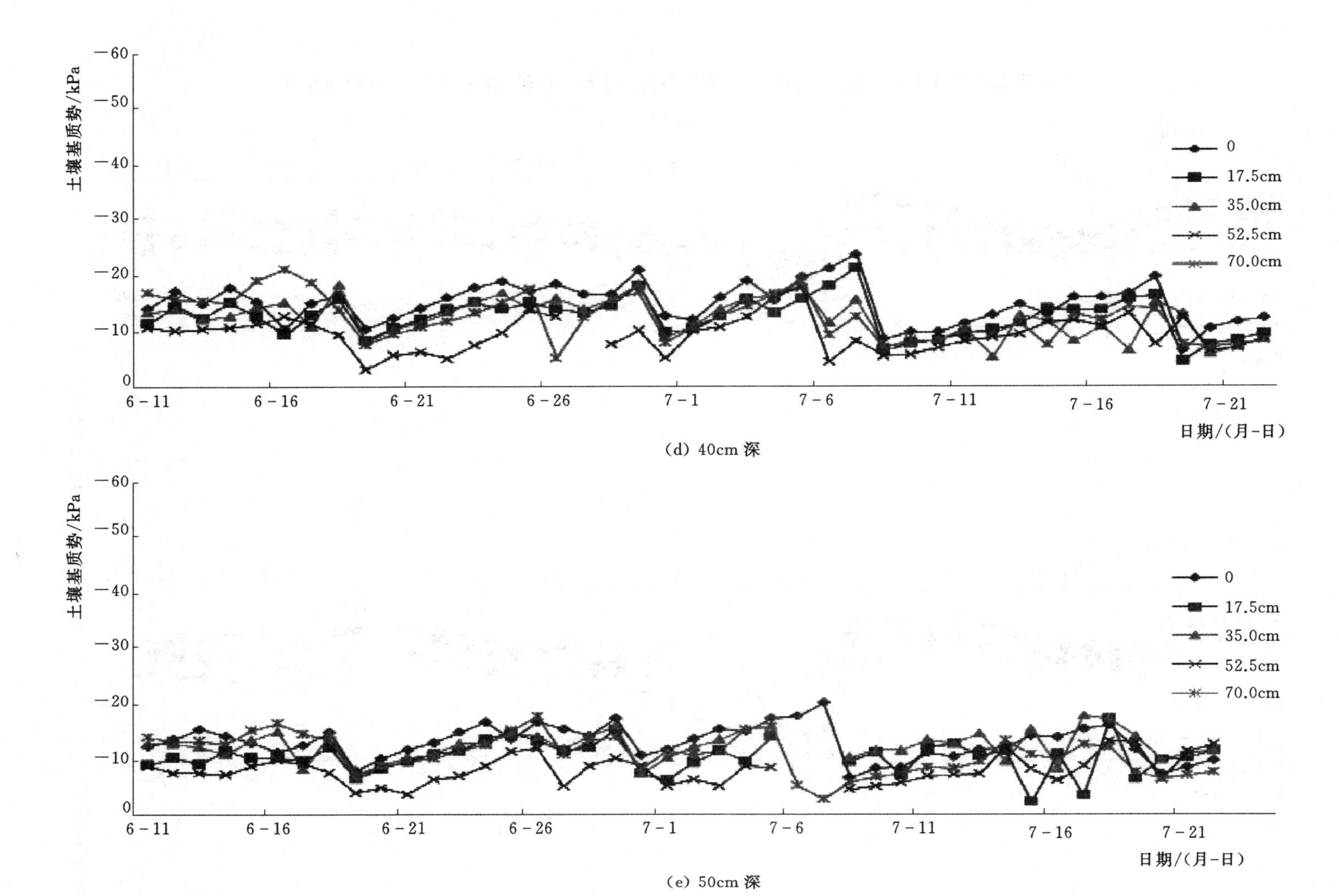

(d) 40cm 深

(e) 50cm 深

图 3.8（三） 处理 S2D2 番茄土壤不同深度与滴头不同横向距离的土壤基质势变化情况

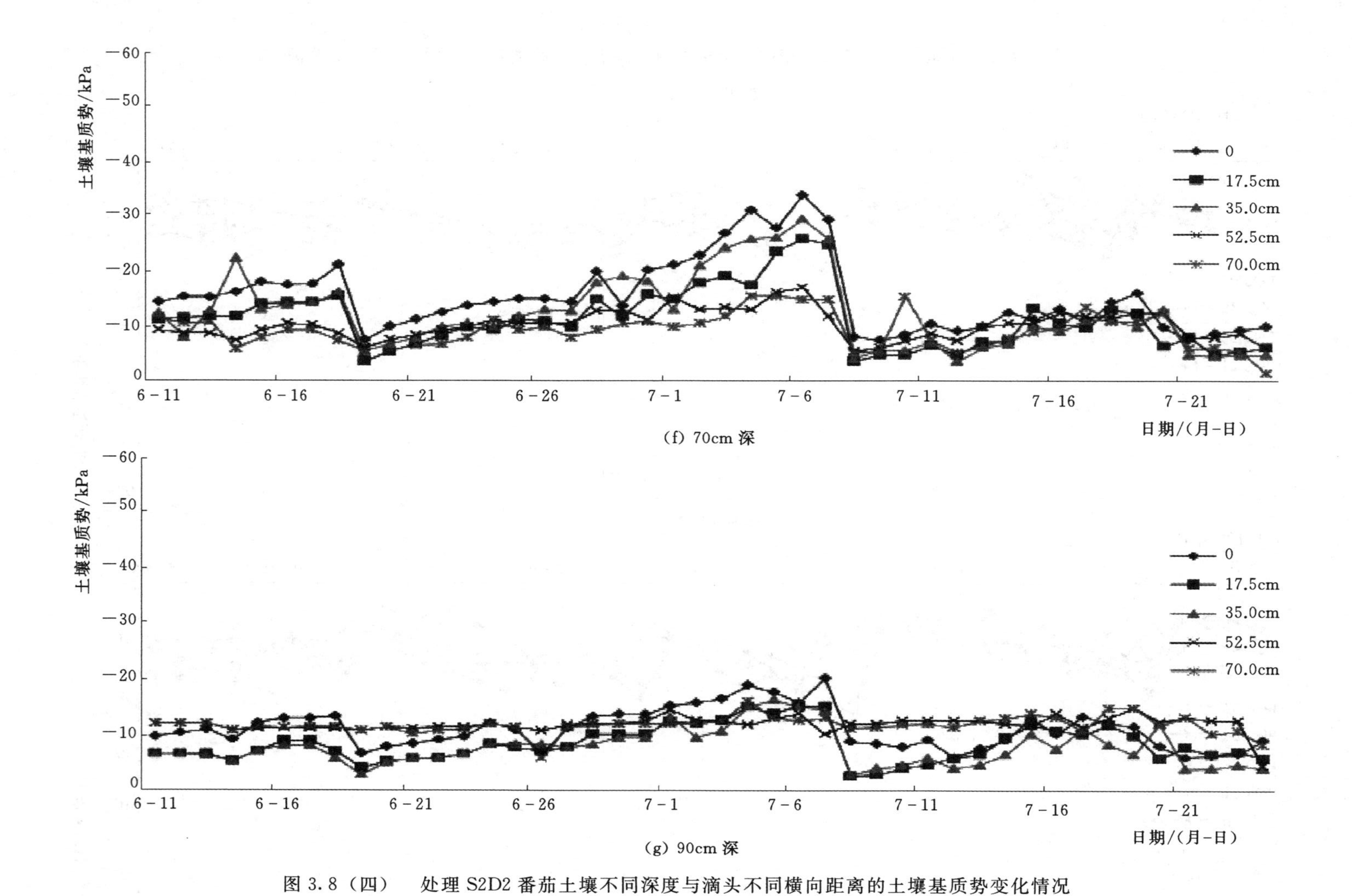

图 3.8（四） 处理 S2D2 番茄土壤不同深度与滴头不同横向距离的土壤基质势变化情况

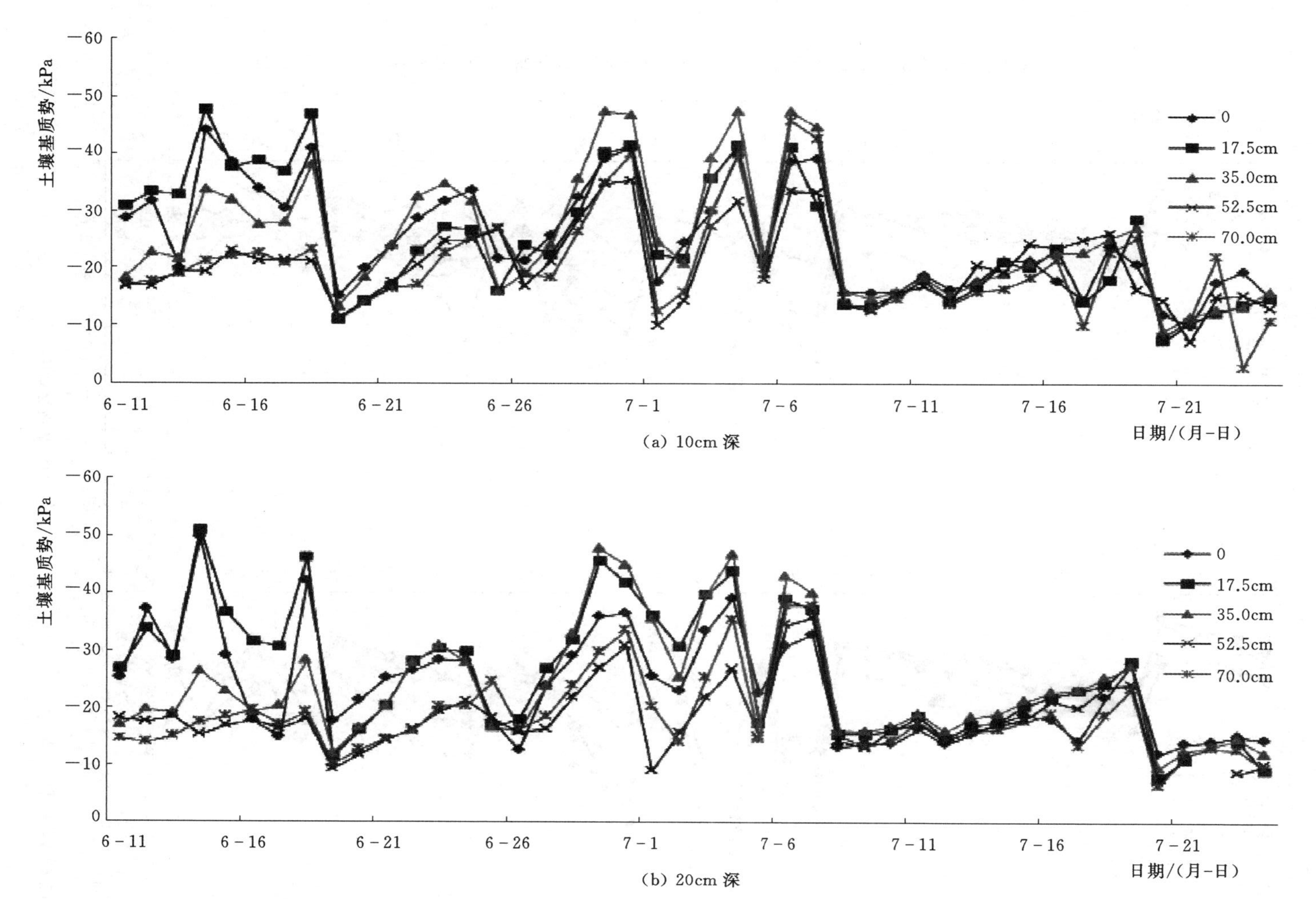

图 3.9（一） 处理 S2D3 番茄土壤不同深度与滴头不同横向距离的土壤基质势变化情况

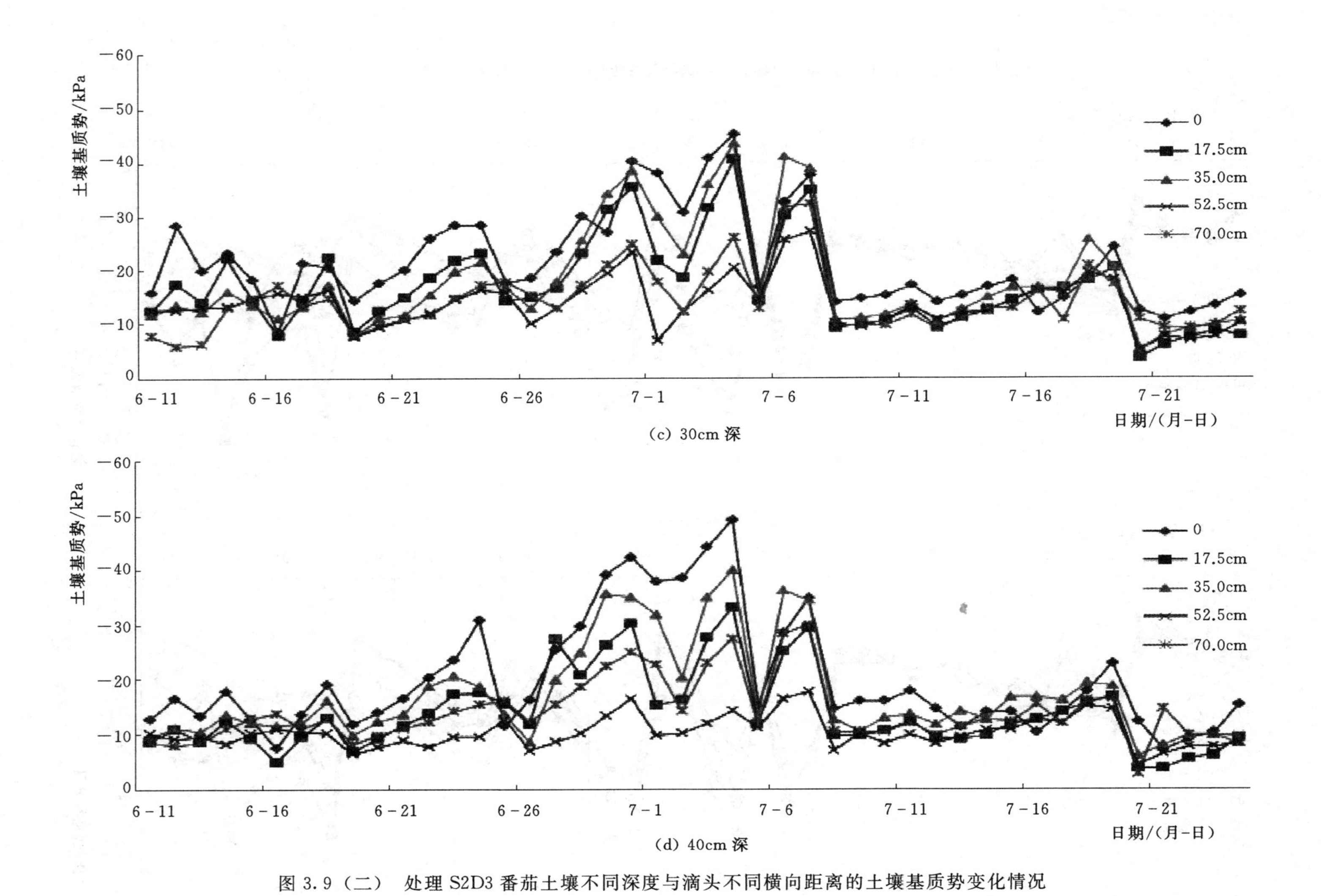

(c) 30cm 深

(d) 40cm 深

图 3.9（二）　处理 S2D3 番茄土壤不同深度与滴头不同横向距离的土壤基质势变化情况

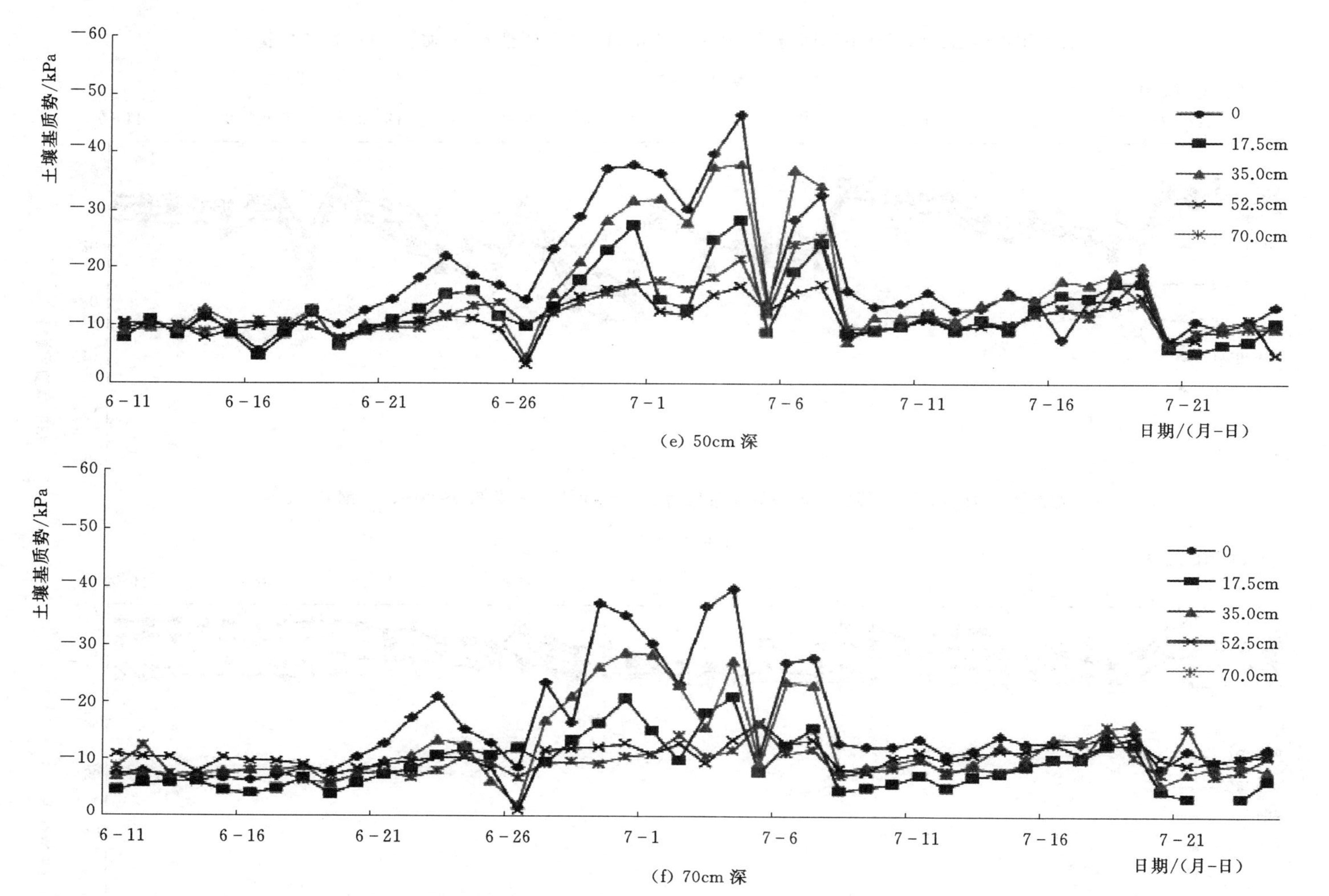

(e) 50cm深

(f) 70cm深

图 3.9（三） 处理 S2D3 番茄土壤不同深度与滴头不同横向距离的土壤基质势变化情况

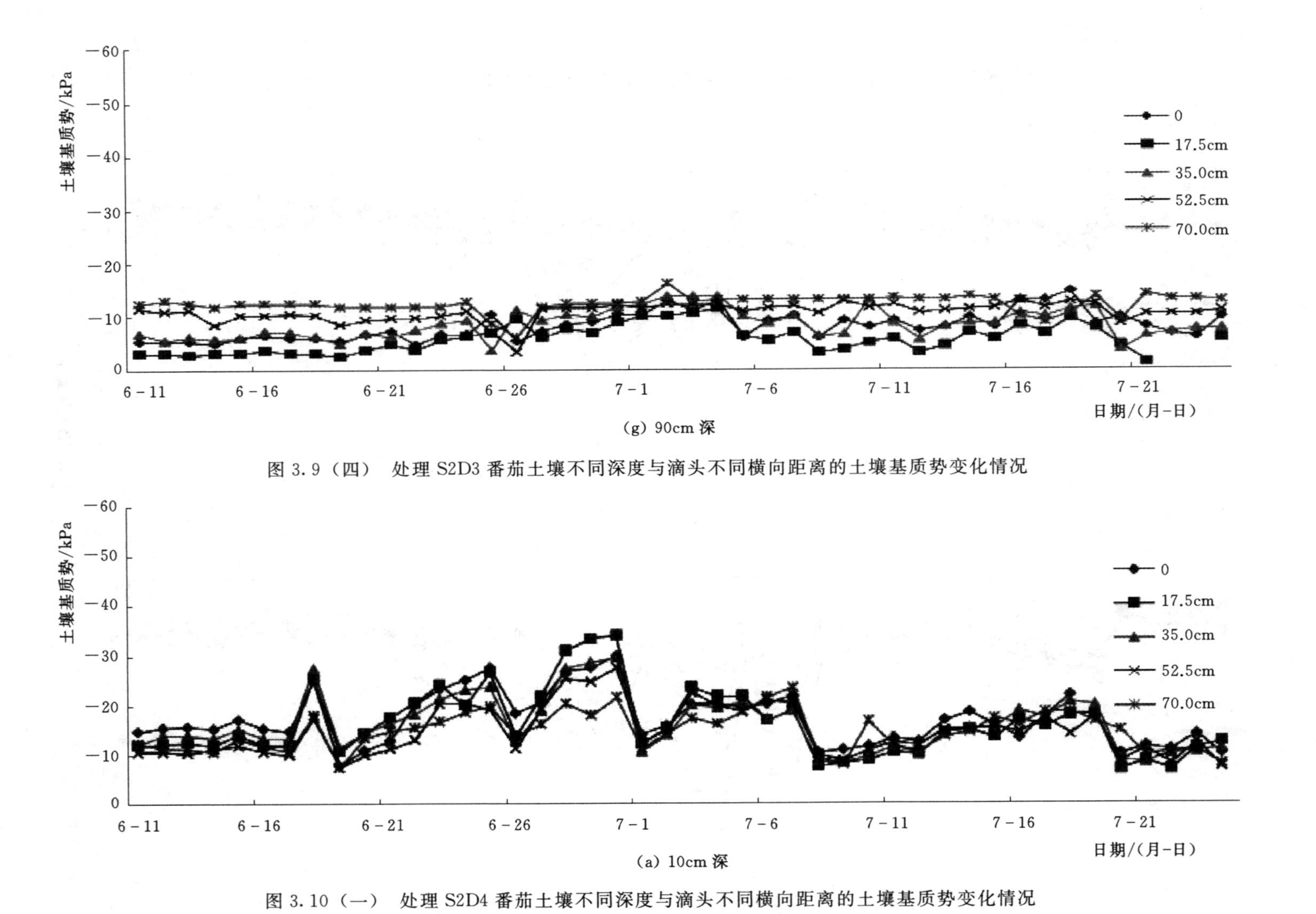

(g) 90cm深

图 3.9（四） 处理 S2D3 番茄土壤不同深度与滴头不同横向距离的土壤基质势变化情况

(a) 10cm深

图 3.10（一） 处理 S2D4 番茄土壤不同深度与滴头不同横向距离的土壤基质势变化情况

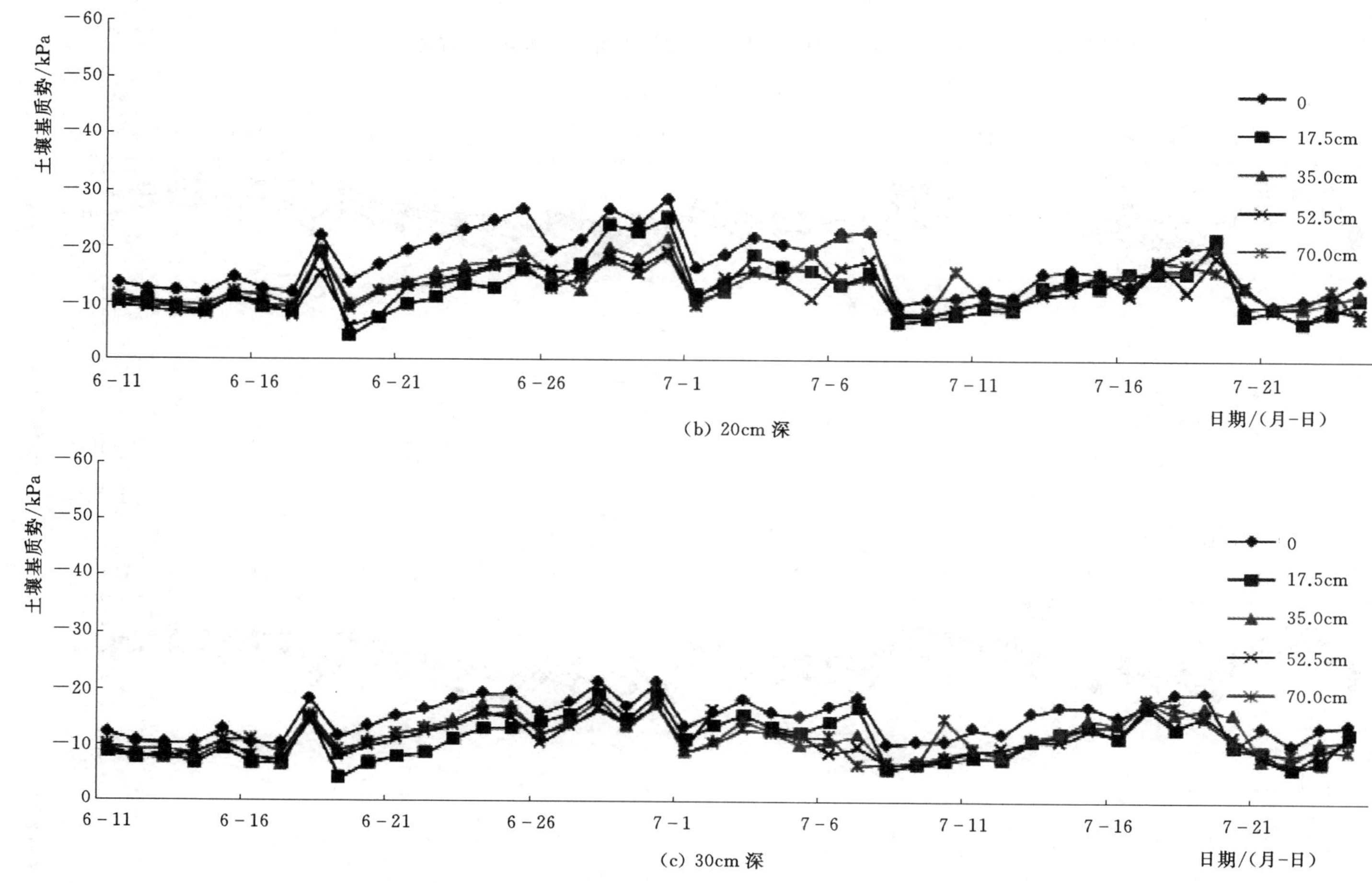

（b）20cm 深

（c）30cm 深

图 3.10（二） 处理 S2D4 番茄土壤不同深度与滴头不同横向距离的土壤基质势变化情况

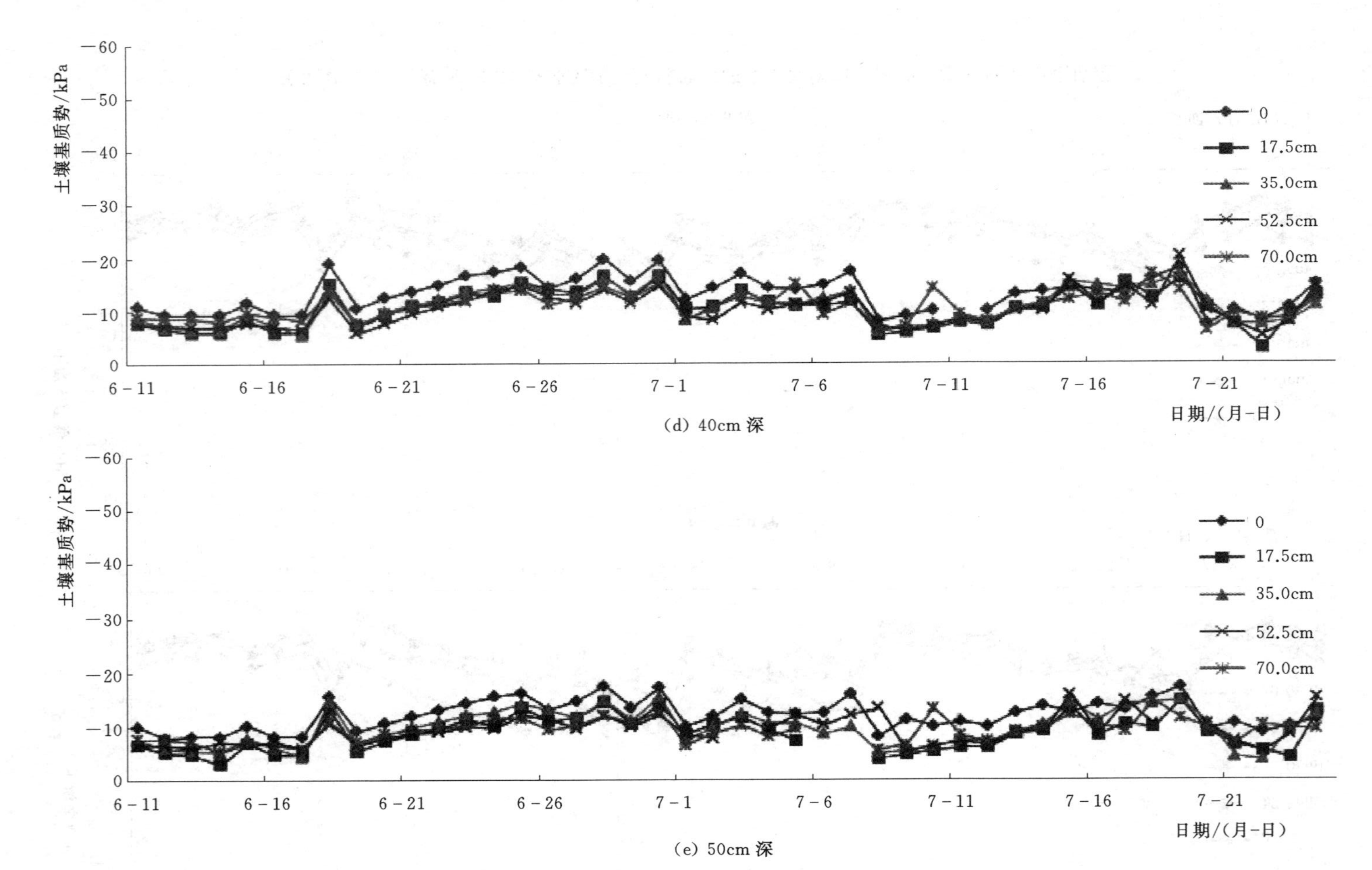

(d) 40cm 深

(e) 50cm 深

图 3.10（三） 处理 S2D4 番茄土壤不同深度与滴头不同横向距离的土壤基质势变化情况

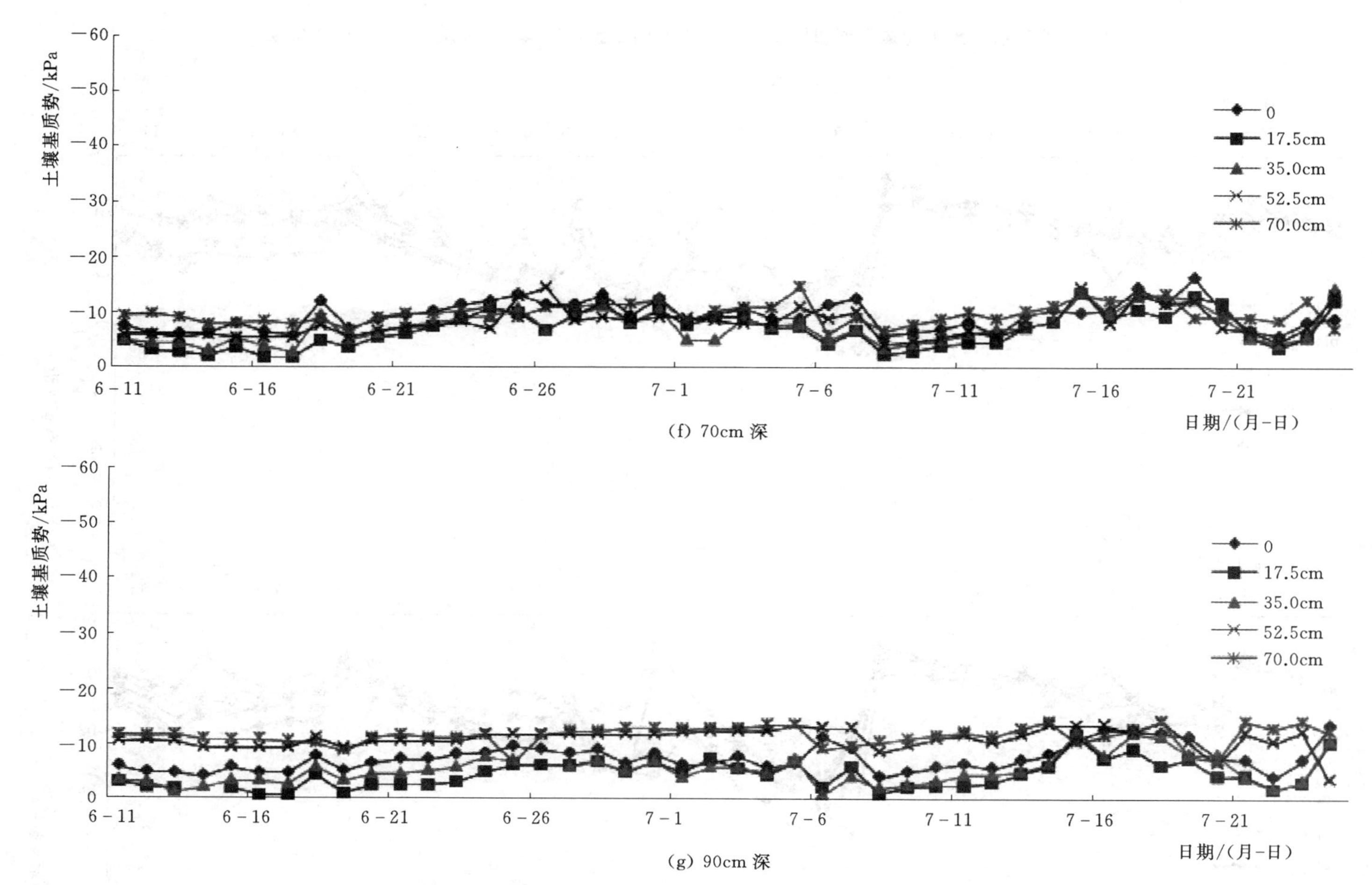

(f) 70cm 深

(g) 90cm 深

图 3.10（四） 处理 S2D4 番茄土壤不同深度与滴头不同横向距离的土壤基质势变化情况

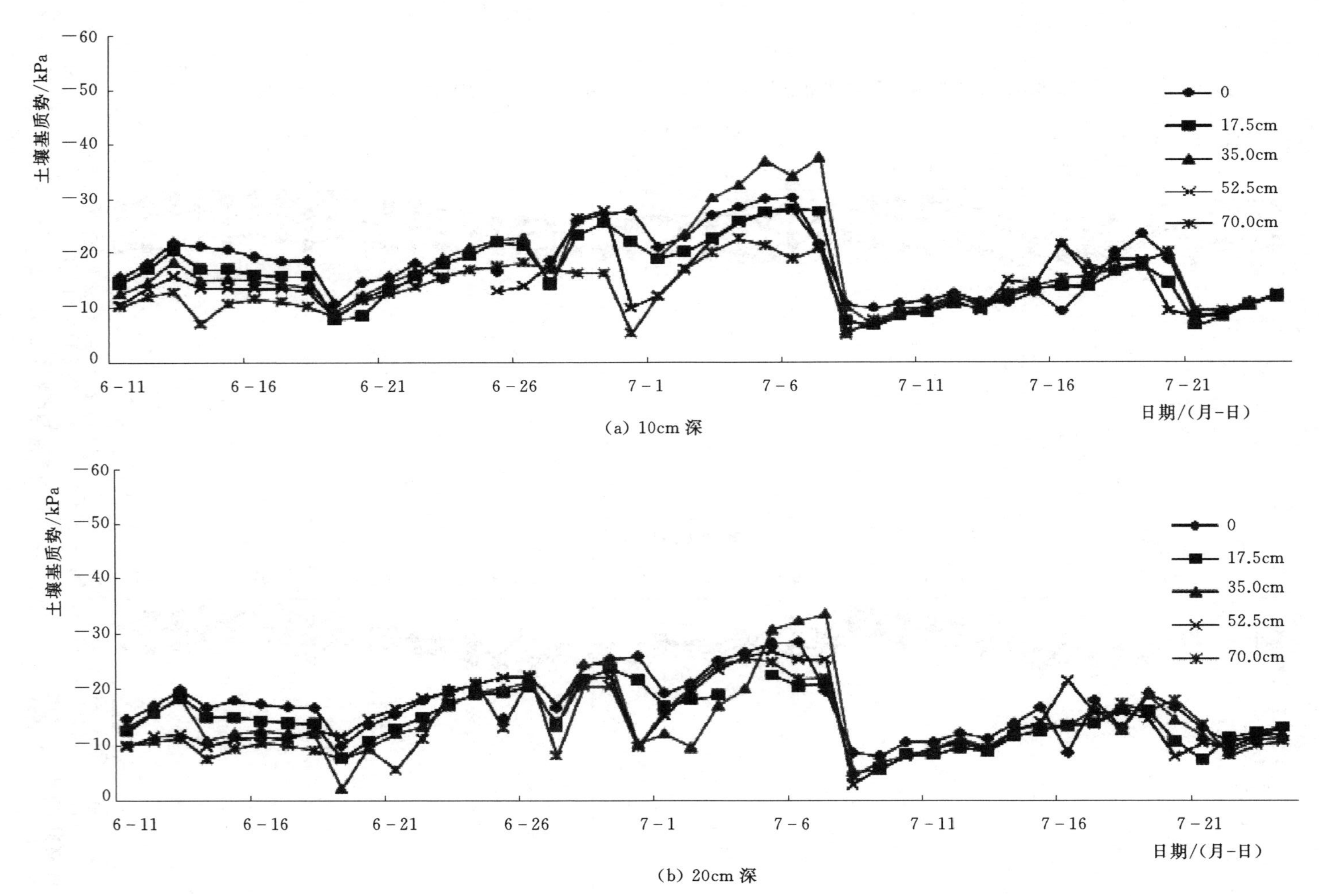

图3.11（一） 处理S2D5番茄土壤不同深度与滴头不同横向距离的土壤基质势变化情况

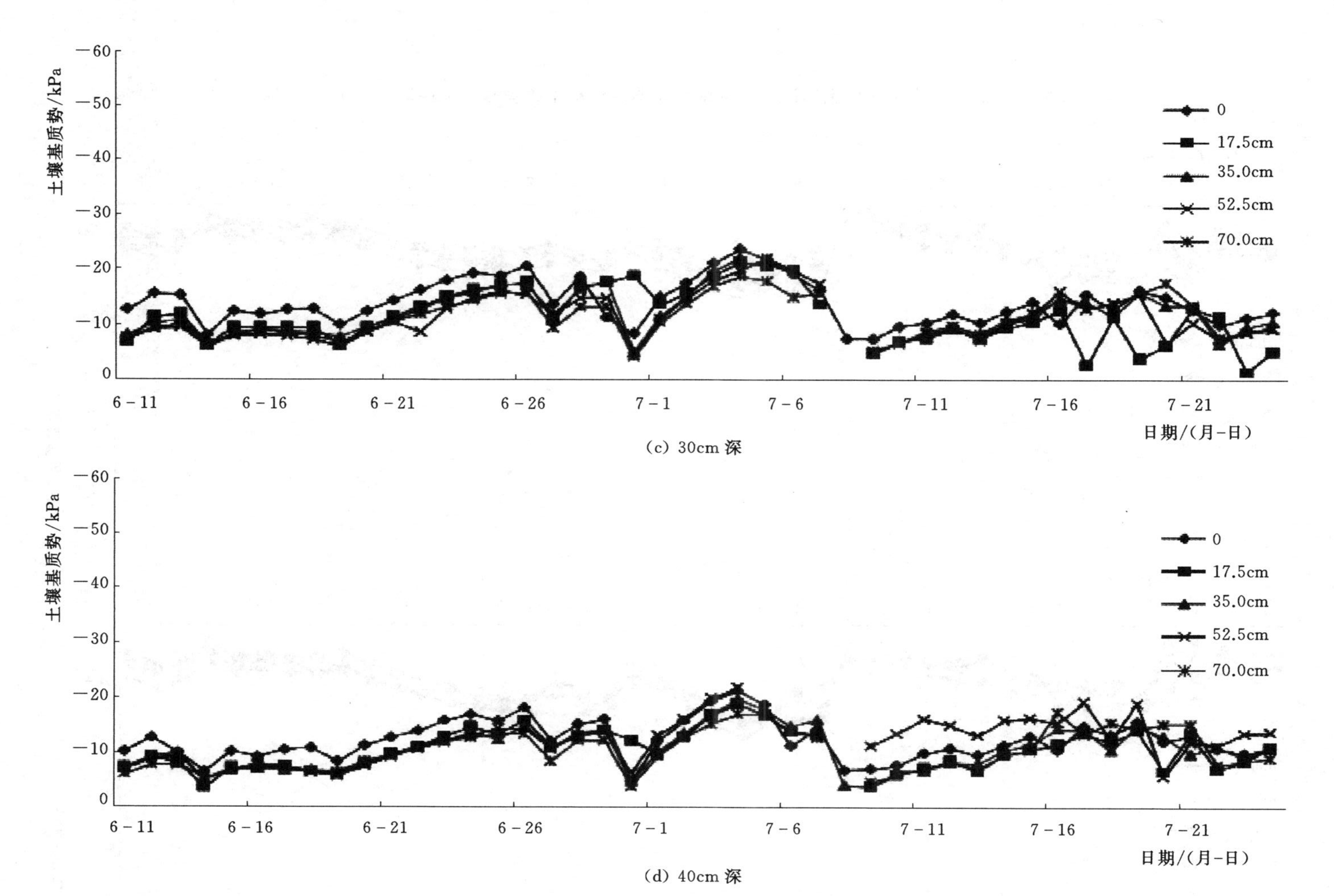

(c) 30cm 深

(d) 40cm 深

图 3.11（二）　处理 S2D5 番茄土壤不同深度与滴头不同横向距离的土壤基质势变化情况

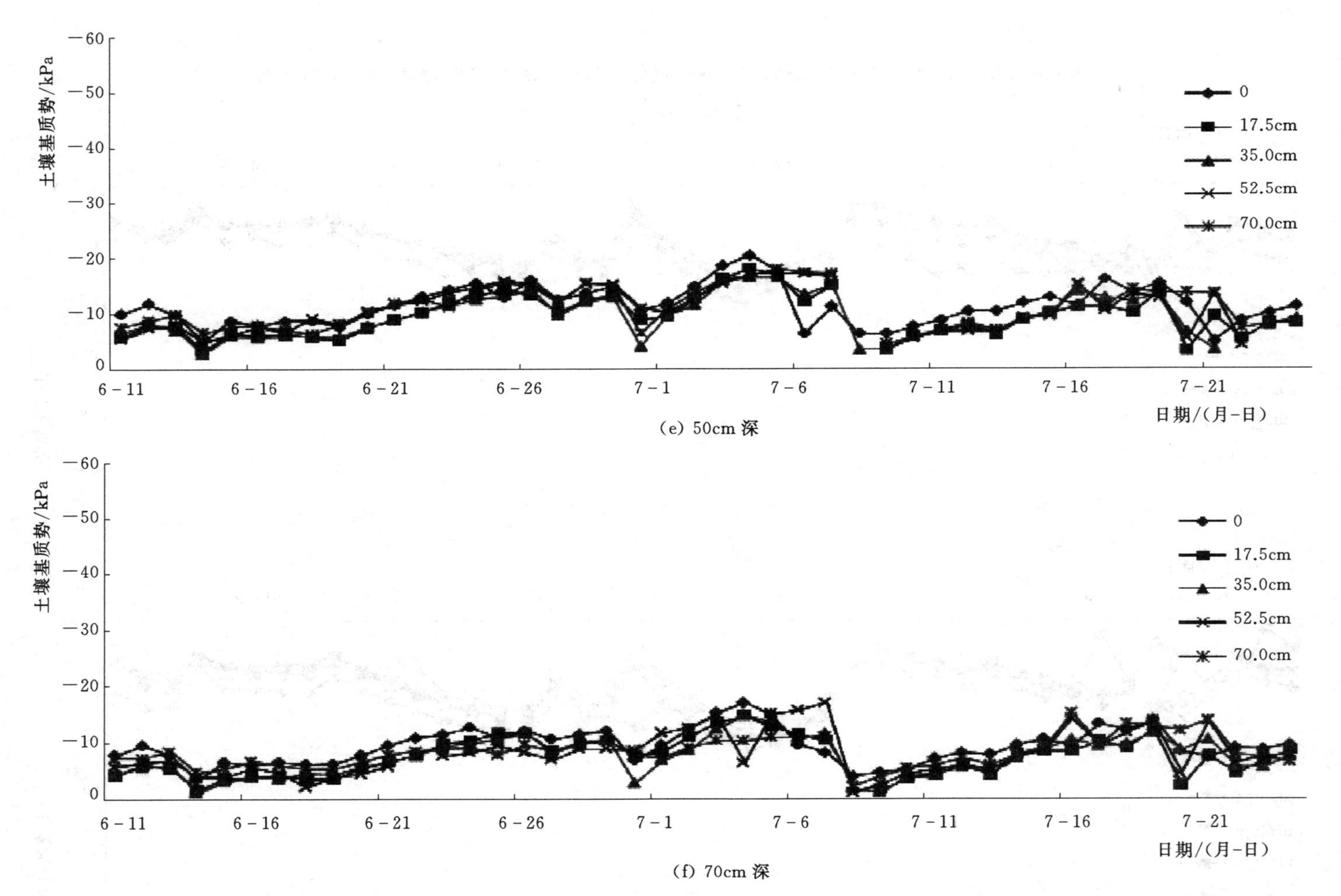

(e) 50cm 深

(f) 70cm 深

图 3.11（三）　处理 S2D5 番茄土壤不同深度与滴头不同横向距离的土壤基质势变化情况

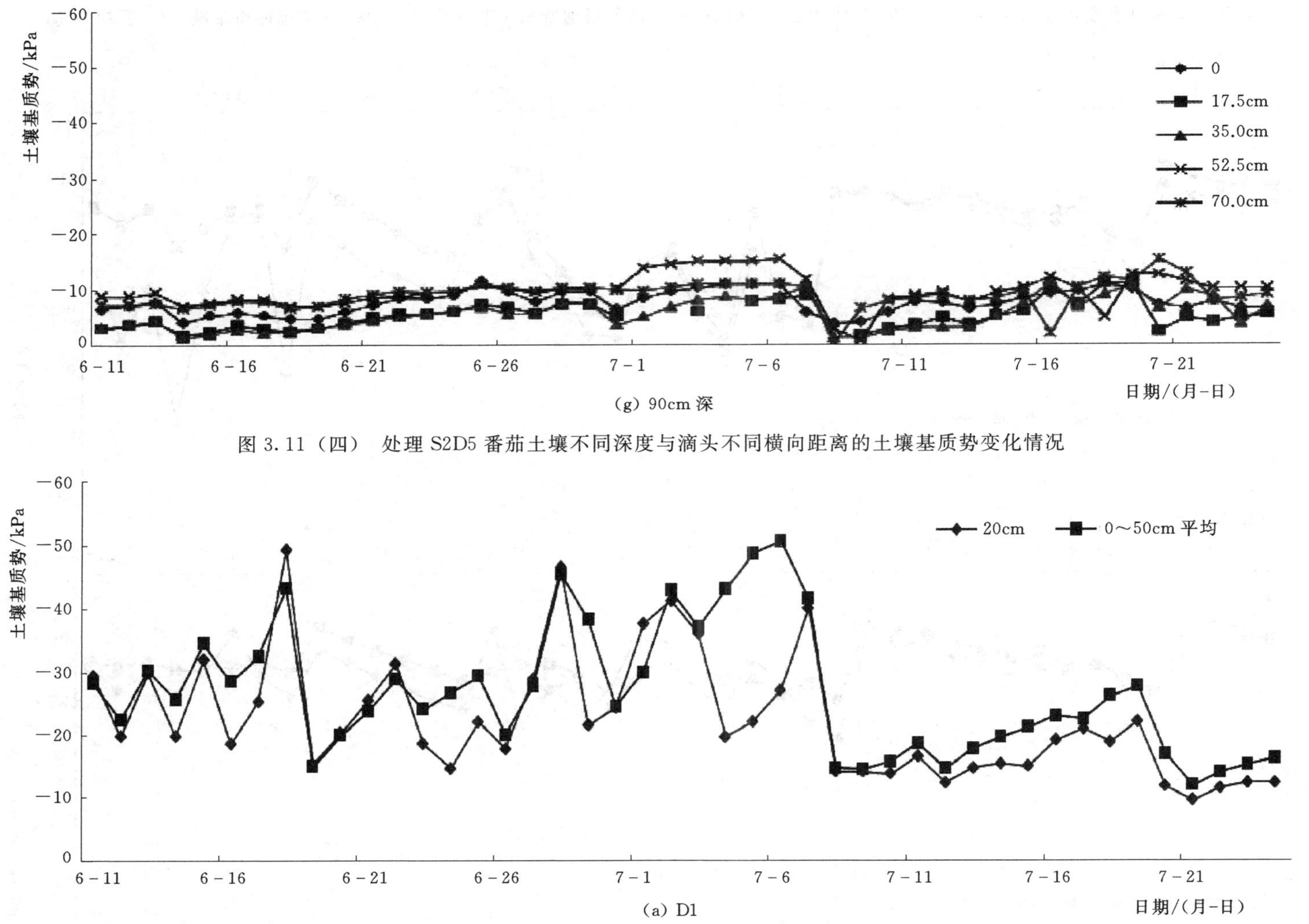

(g) 90cm 深

图 3.11（四） 处理 S2D5 番茄土壤不同深度与滴头不同横向距离的土壤基质势变化情况

(a) D1

图 3.12（一） 滴头横向距离 0、20cm 深度番茄土壤基质势与滴头横向距离 0～70cm，深度 0～50cm 内平均土壤基质势对比情况

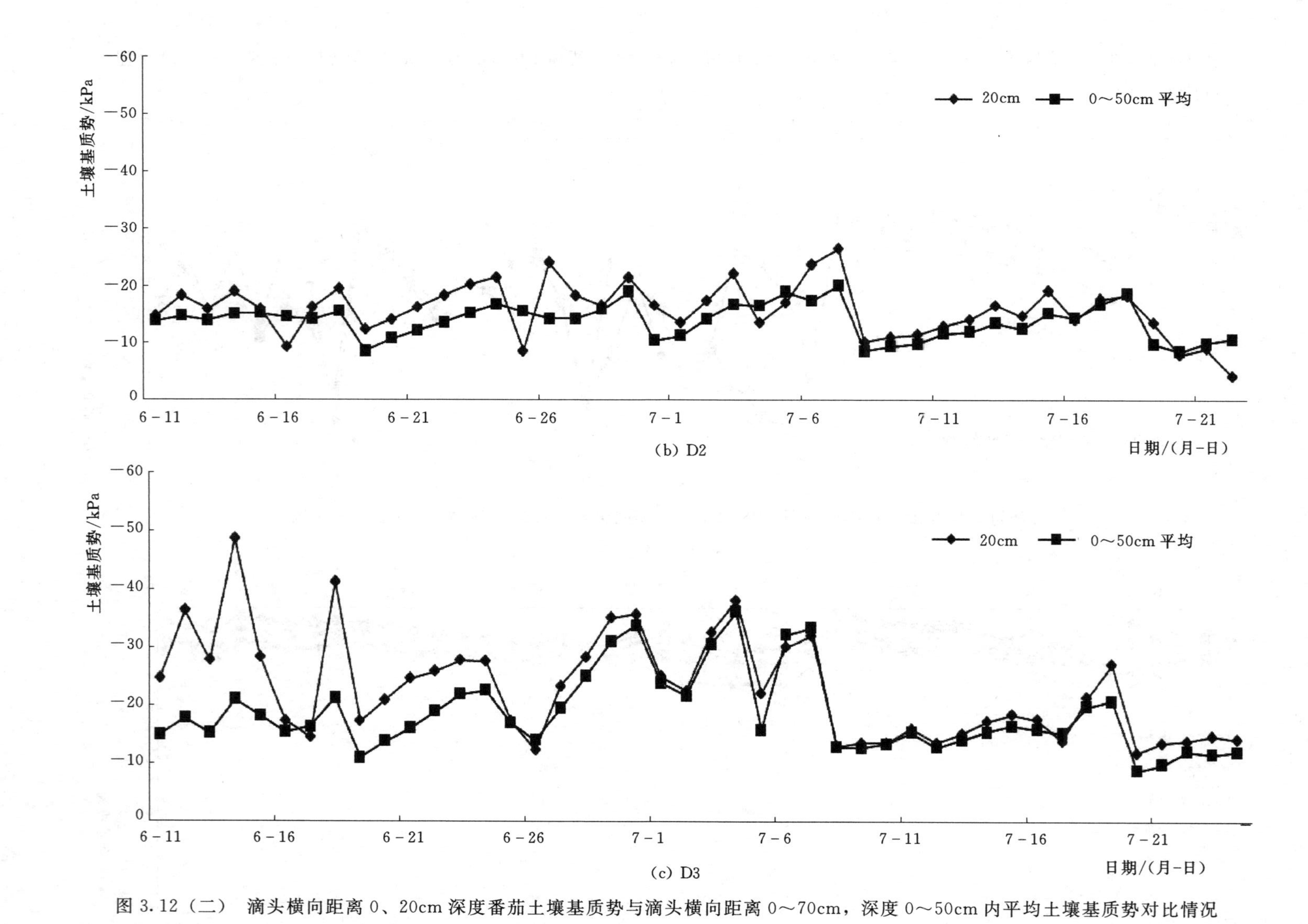

图 3.12（二）　滴头横向距离 0、20cm 深度番茄土壤基质势与滴头横向距离 0～70cm，深度 0～50cm 内平均土壤基质势对比情况

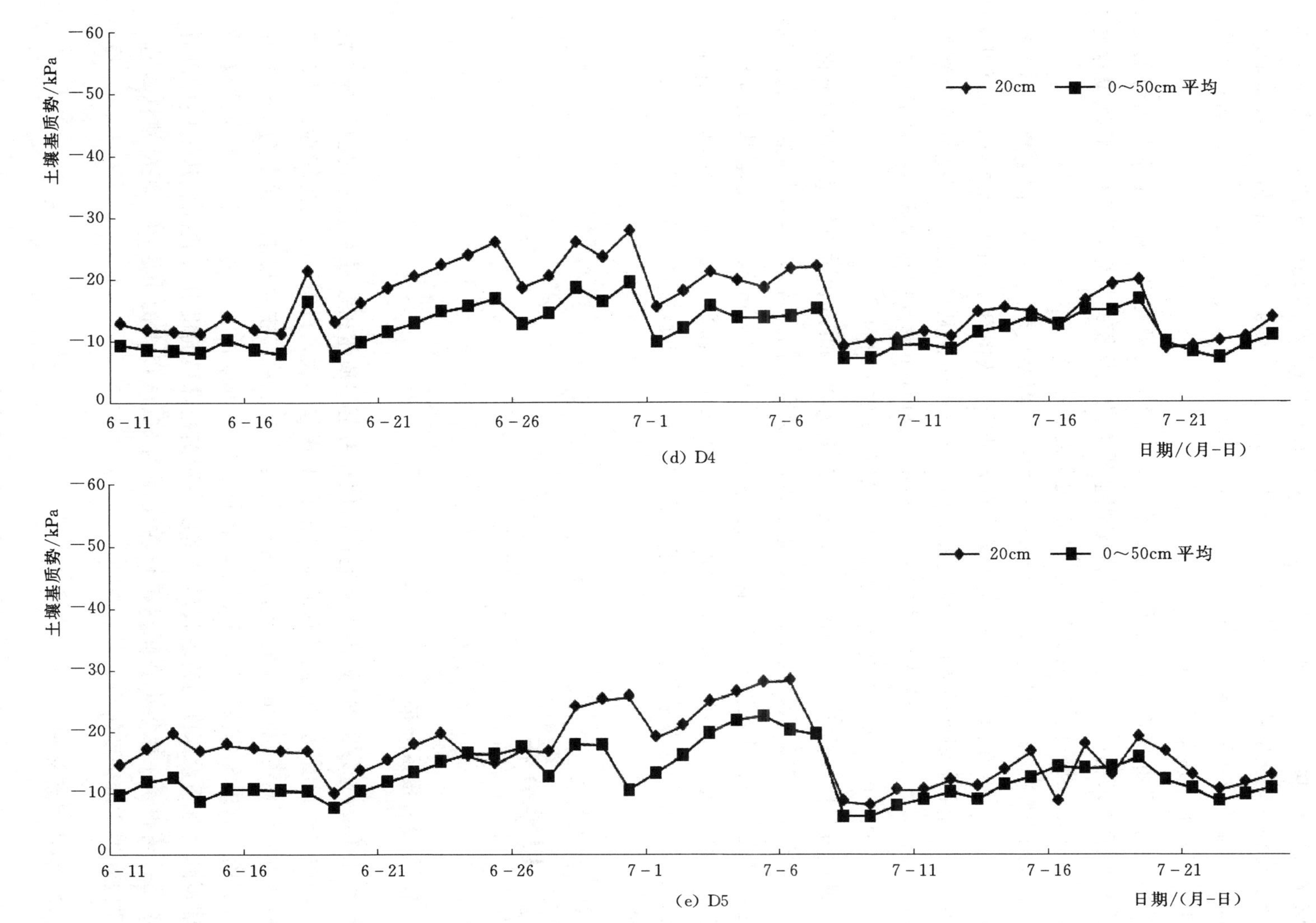

图 3.12（三） 滴头横向距离 0、20cm 深度番茄土壤基质势与滴头横向距离 0～70cm，深度 0～50cm 内平均土壤基质势对比情况

随着土壤深度的增加，距离植株不同距离的土壤基质势趋于接近。当埋设毛管的埋设深度为10cm、20cm时，0～30cm的土壤深度内距离植株横向距离0、17.5cm的土壤基质势变化幅度明显高于其他。当土壤深度大于30cm以后，距离植株横向距离不同的土壤基质势变化趋势基本相同。当毛管埋设深度为大于30cm时，距离植株横向距离不同的土壤基质势变化趋势基本相同。

同一毛管埋设深度在不同深度的土壤中，随着土壤深度的增加，土壤基质势的变化剧烈程度越来越小。在0～50cm内土壤基质势的变化规律一致，随着毛管埋设深度的增加，下层土壤基质势的变化剧烈程度也随之减小。

图3.12为距滴头横向距离0、20cm深度的土壤基质势与滴头横向距离0～70cm范围内、10～50cm深度内的平均土壤基质势对比。从图3.12中可以看到，除S2D3与S2D4处理中个别点的数值村在较大差异外，其他不论从变化趋势还是数值上都很接近。所以可以认为距滴头横向距离0、20cm深度处土壤基质势与滴头横向距离0～70cm范围内，0～50cm深度内的平均土壤基质势基本相同。

通过分析距离滴头横向距离0～70cm、深度为0～90cm以内土壤基质势的变化规律可以发现，控制滴头横向距离0附近、20cm深度处的土壤基质势明显影响到作物根系分布范围内的土壤基质势，滴头横向距离0附近、20cm深度处土壤基质势控制的越高，番茄根系分布土壤范围内的平均土壤基质势越高，滴头横向距离0附近、20cm深度处的土壤基质势控制的越低，番茄根系分布土壤范围内的平均土壤基质势越低。

3.2 根系分布

1. 马铃薯根系分布

图3.13为选取的S2处理不同毛管深度马铃薯根质量密度在垂直方向上的分布状况。从图中可以看到，不同处理的根质量密度相差不大，没有明显的规律性；马铃薯的根系可以生长到90cm深度的土层中，但是其根系垂向主要集中在深度为0～40cm土壤层内，其中全部根重的65%以上集中在0～10cm的土层内。图3.14为选取S2处理不同毛管埋设深度马铃薯根质量密度在距离植株横向的分布状况。从图中可以看到，马铃薯根系主要集中在距离植株横向距离30cm以内的土层中，距离植株越远，土层内的根质量密度越小。

2. 番茄根系分布

图3.15为选取的S2处理不同毛管埋设深度番茄根质量密度在垂直方向上的分布状

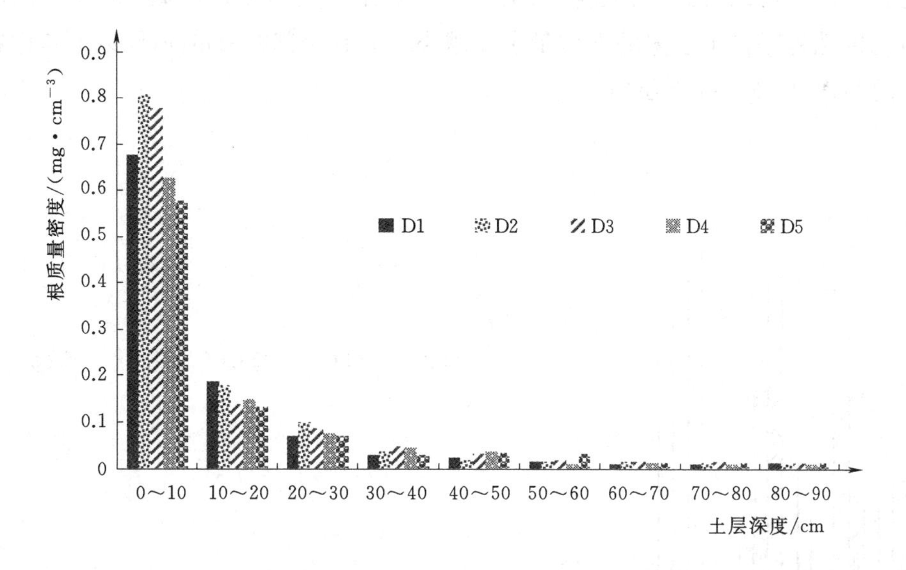

图 3.13　S2 处理不同毛管埋设深度马铃薯根质量密度在垂直方向上的分布状况

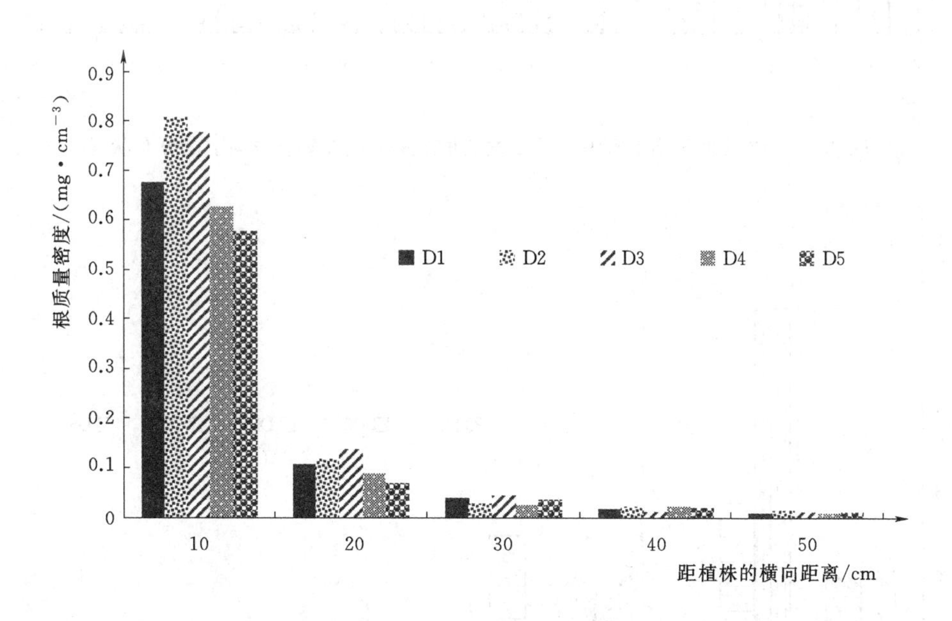

图 3.14　S2 处理不同毛管埋设深度马铃薯根质量密度在距离植株横向的分布状况

况。从图中可以看到，不同处理的根质量密度在 0～30cm 深度内有明显差异，但是没有明显的规律性；番茄的根系可以生长到 100cm 深度的土层中，但是其根系垂向主要集中在深度为 0～50cm 土壤层内，并且全部根重的 74%以上集中在 0～30cm 的土层内。图 3.16 为选取的 S2 处理不同毛管埋设深度番茄根质量密度在距离植株横向的分布状况。从图中可以看到，番茄根系主要集中在距离植株横向距离 40cm 以内的土层中，距离植株越远，土层内的根质量密度越小，并且全部根重的 79%以上集中在距离植株横向距离 0～20cm 土层内。

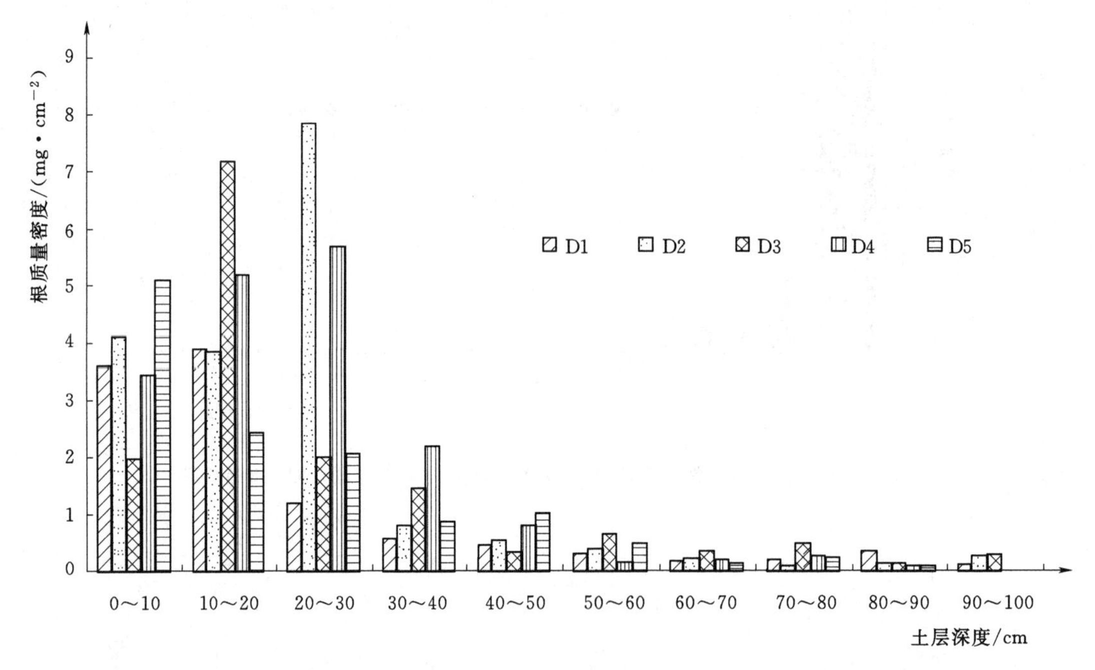

图 3.15　S2 处理不同毛管埋设深度番茄根质量密度在垂直方向上的分布状况

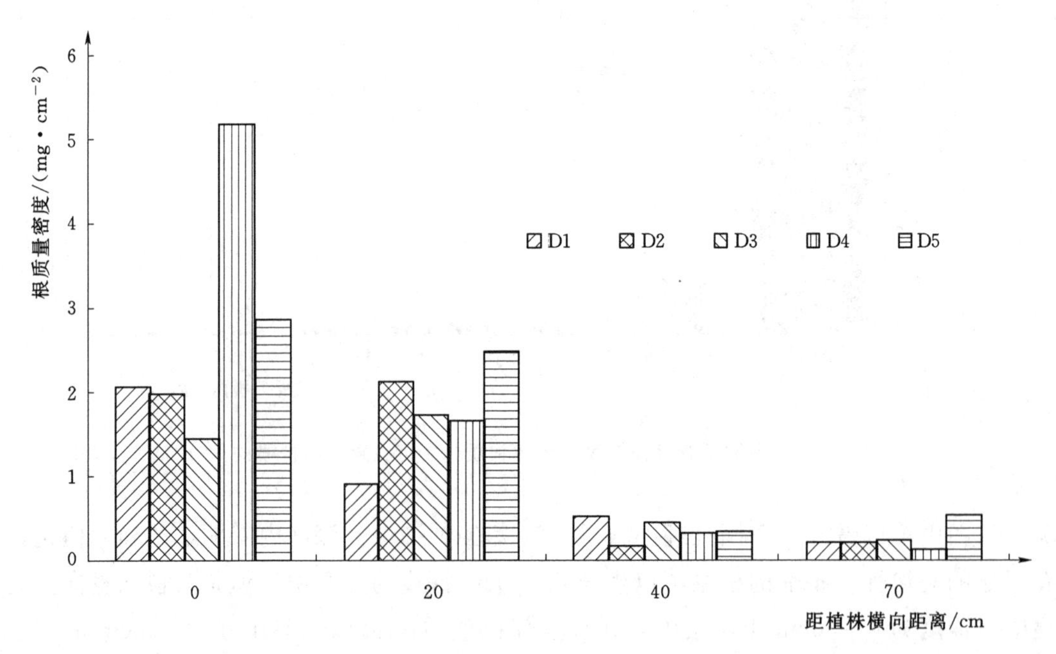

图 3.16　S2 处理不同毛管埋设深度番茄根质量密度在距离植株横向的分布状况

3.3 控制土壤水势与作物生长反应的关系

1. 马铃薯试验结果

从表3.1和图3.17～图3.19中可以看到，控制滴头横向距离0、20cm深度处土壤基质势下马铃薯的产量、灌溉水分利用效率和品质产生明显的影响。随着控制土壤基质势的减小，在不同毛管埋设深度处理中，马铃薯产量基本呈现先增大后减小的趋势，当控制土壤基质势为－30～－40kPa时，可以获得较高产量，且不同水分处理间产量差异显著。

表3.1 不同处理马铃薯产量和灌溉水分利用效率

处理编号	产量/(kg·hm^{-2})	相对产量	灌水量/mm	灌溉水分利用效率/(kg·hm^{-2}·mm^{-1})	块茎质量分级占比/%			
					＜50g	50～100g	100～150g	＞150g
S1D1	12303.6 c	0.44	285	43.2 c	18.8 a	24.8	29.8	26.6
S2D1	17958.2 b	0.64	165	108.8 b	22.2 a	39.1	12.7	25.9
S3D1	12469.1 c	0.44	65	191.8 a	18.9 a	32.7	23.0	25.3
S4D1	26960.9 a	0.96	125	215.7 a	16.5 b	26.6	34.7	22.2
S5D1	23596.2 a	0.84	125	188.8 a	15.8 b	33.6	21.5	29.1
S1D2	19983.9 b	0.71	215	92.9 c	27.8 a	29.2	22.8	20.3
S2D2	13801.2 c	0.49	170	81.2 c	27.3 a	39.6	25.3	7.8
S3D2	24502.3 ab	0.87	85	288.3 a	10.4 b	23.1	34.5	32.0
S4D2	28060.1 a	1.00	135	207.9 b	1.8 c	3.0	2.8	92.4
S5D2	27440.7 a	0.98	115	238.6 b	15.4 b	18.7	22.3	43.6
S1D3	24432.4 ab	0.87	190	128.6 c	15.6 bc	32.6	27.5	24.4
S2D3	14023.8 bc	0.50	175	80.1 c	21.5 b	23.9	28.4	26.2
S3D3	25565.2 a	0.91	120	213.0 b	10.0 c	26.8	25.6	37.6
S4D3	26130.5 a	0.93	140	186.6 b	21.4 b	26.5	40.3	11.8
S5D3	13899.8 bc	0.50	40	347.5 a	30.1 a	46.5	18.0	5.4
S1D4	14299.3 b	0.51	220	65.0 c	22.2 b	32.0	24.0	21.8
S2D4	17960.6 a	0.64	145	123.9 b	16.5 c	38.7	22.4	22.4
S3D4	18912.5 a	0.67	130	145.5 a	15.5 c	32.1	27.5	24.8
S4D4	22389.5 a	0.80	135	165.8 a	11.2 c	24.1	23.8	41.0

续表

处理编号	产量/(kg·hm^{-2})	相对产量	灌水量/mm	灌溉水分利用效率/(kg·hm^{-2}·mm^{-1})	块茎质量分级占比/%			
					<50g	50～100g	100～150g	>150g
S5D4	8087.6 c	0.29	55	147.0 a	32.6 a	41.5	25.9	0.0
S1D5	12112.0 ab	0.43	210	57.7 c	22.2 b	29.7	27.1	21.0
S2D5	8512.3 c	0.30	195	43.7 c	53.9 a	31.9	14.2	0.0
S3D5	15401.2 a	0.55	95	162.1 a	27.5 b	29.4	23.2	19.9
S4D5	10321.4 b	0.37	140	73.7 c	11.4 c	22.8	24.8	41.0
S5D5	13384.5 a	0.48	125	107.1 b	27.0 b	26.0	10.9	36.1

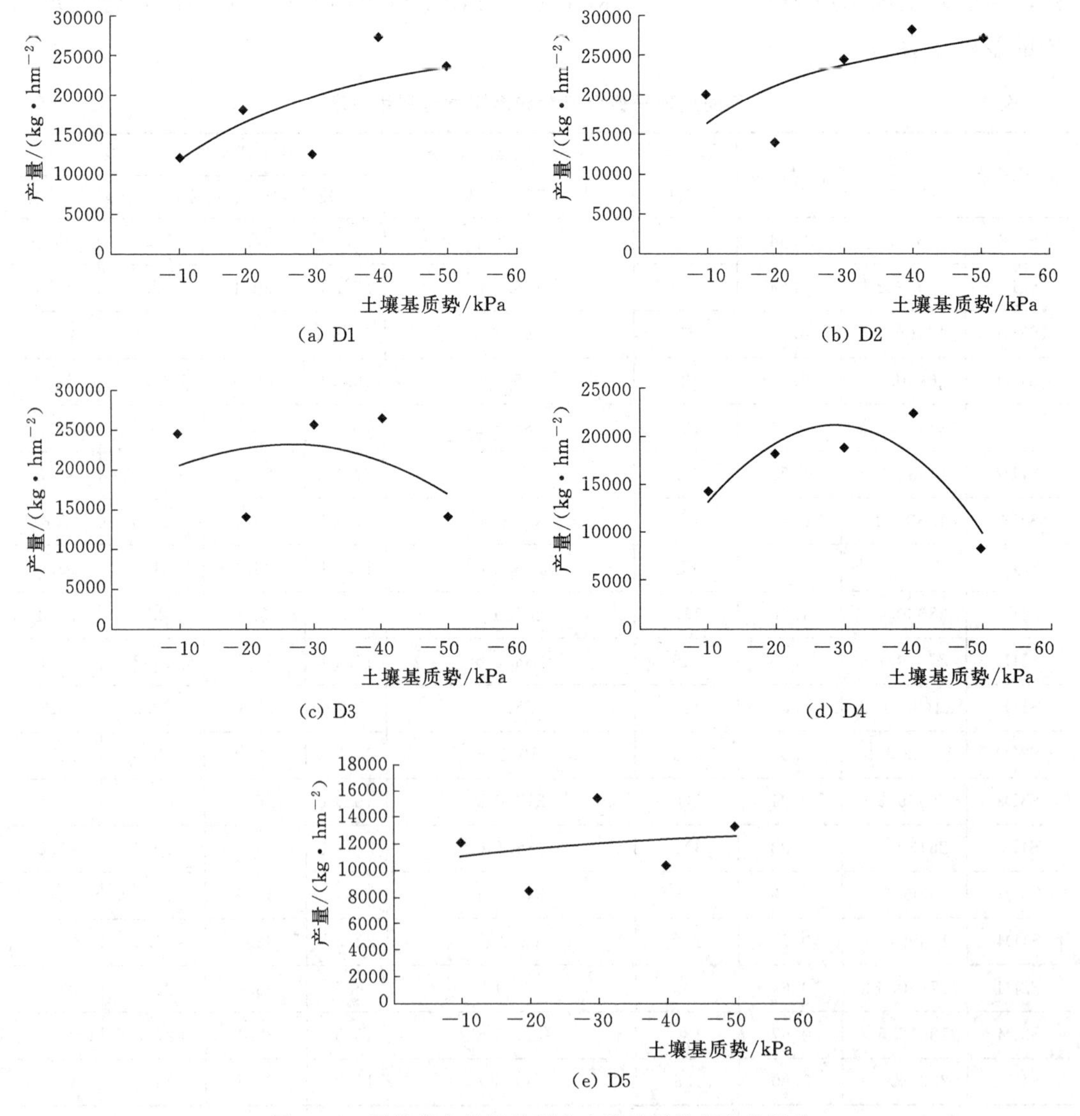

图3.17 马铃薯产量随控制点土壤基质势的变化规律

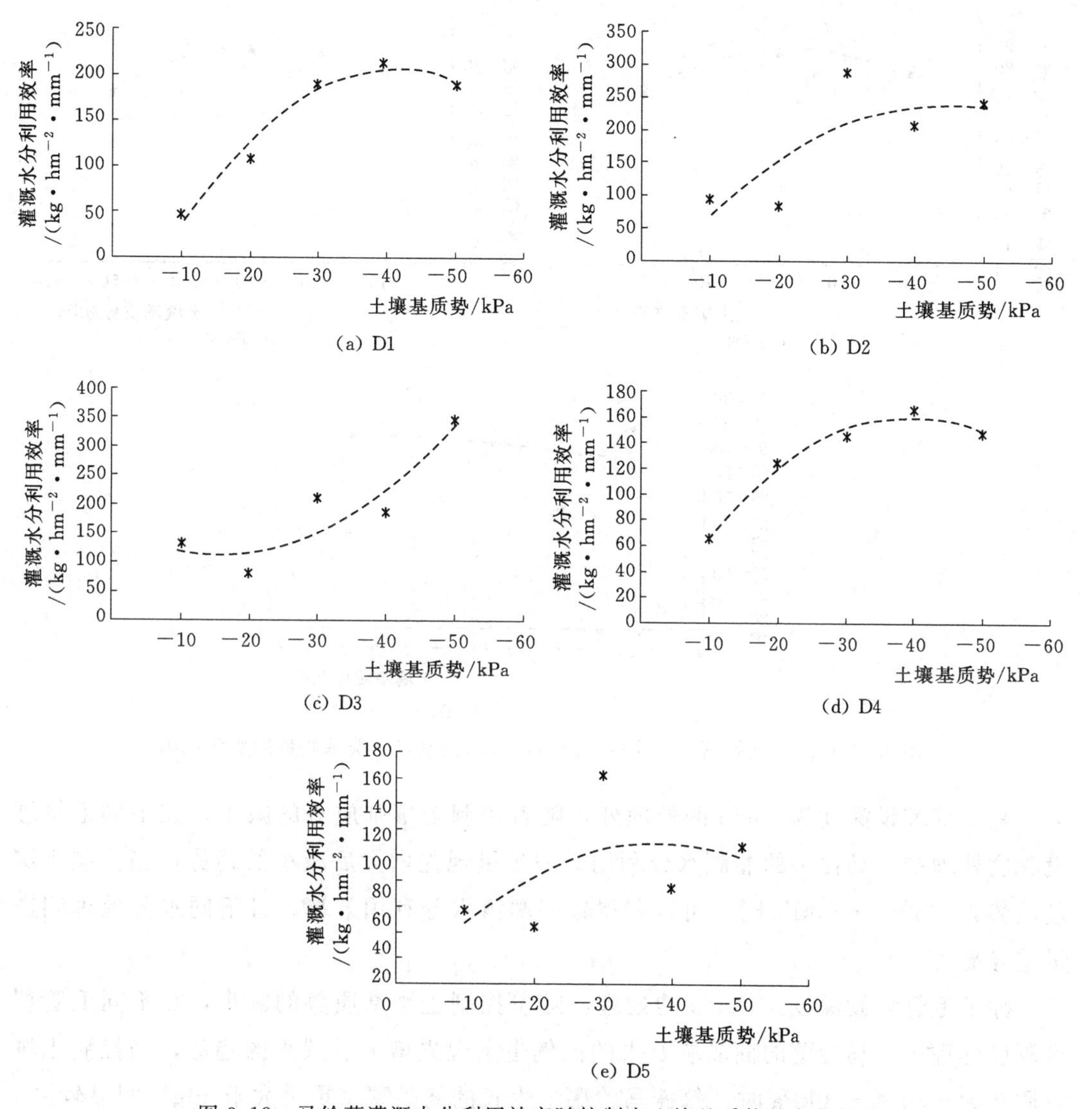

(a) D1　(b) D2　(c) D3　(d) D4　(e) D5

图 3.18　马铃薯灌溉水分利用效率随控制点土壤基质势的变化规律

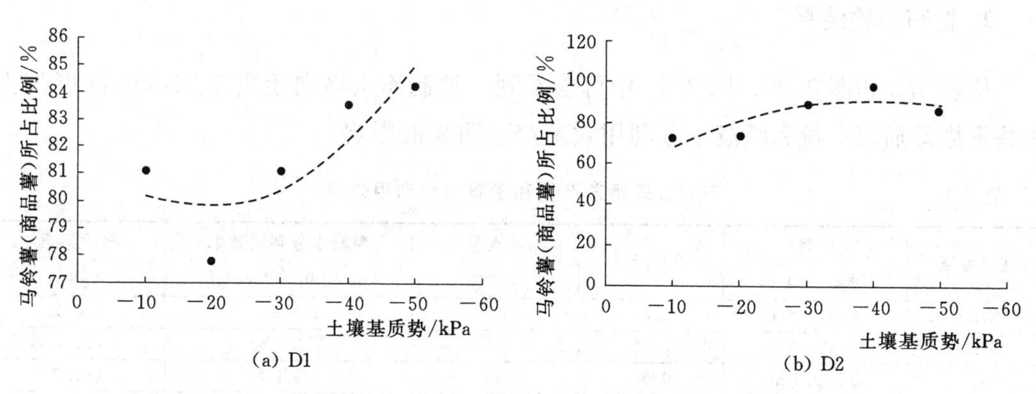

(a) D1　(b) D2

图 3.19（一）　马铃薯（商品薯）所占比例随控制点土壤基质势的变化规律

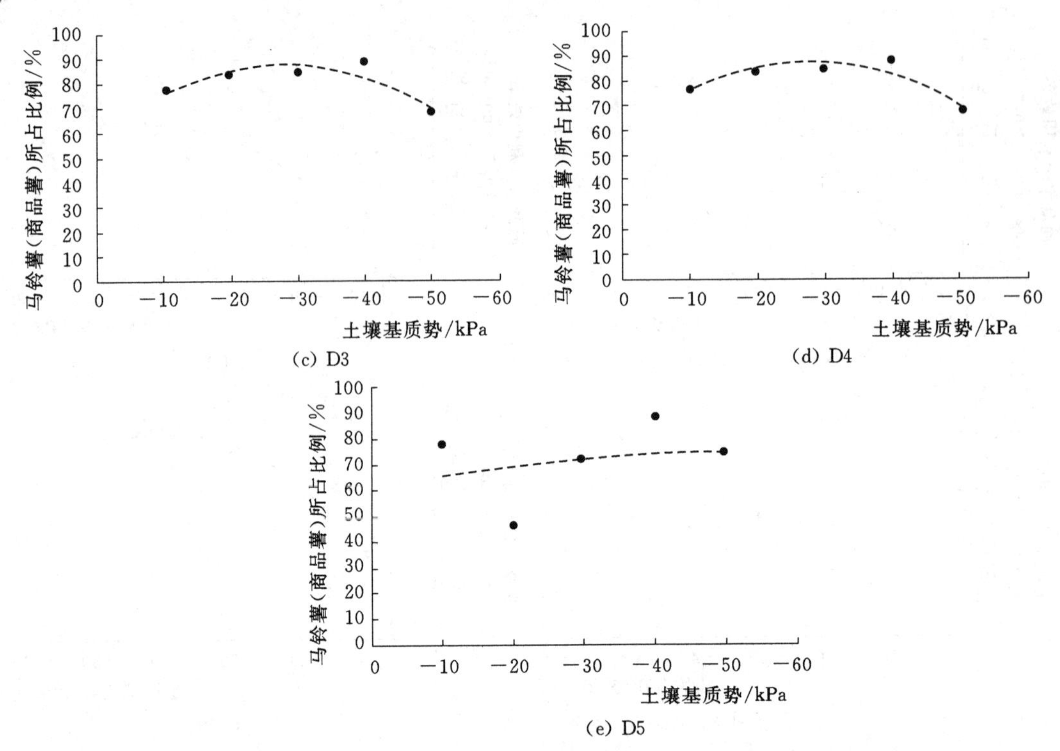

(c) D3

(d) D4

(e) D5

图 3.19（二）　马铃薯（商品薯）所占比例随控制点土壤基质势的变化规律

除毛管埋设深度为 30cm 的处理外，随着控制土壤基质势的减小，在不同毛管埋设深度处理中，马铃薯的灌溉水分利用效率也呈现先增大后减小的趋势，当控制土壤基质势为－30～－40kPa 时，可以获得较好灌溉水分利用效率，且不同水分处理间产量差异显著。

除了毛管埋设深度为 10cm 的处理，随着控制土壤基质势的减小，在不同毛管埋设深度处理中，马铃薯的商品薯所占的比例也呈现先增大后减小的趋势，当控制土壤基质势为－30～－40kPa 时，每株马铃薯上生长的商品薯（重量大于 50g）明显较多。

2. 番茄试验结果

从表 3.2 和图 3.20、图 3.21 中可以看到，控制滴头横向距离 0、20cm 深度处土壤基质势番茄的产量和灌溉水分利用效率产生明显的影响。

表 3.2　　不同处理番茄产量和灌溉水分利用效率

处理编号	产量 /(kg·hm^{-2})	相对产量	灌水量 /mm	灌溉水分利用效率 /(kg·hm^{-2}·mm^{-1})	平均果重 /g
S1D1	22075.2 a	0.86	130	169.8 c	130.7
S2D1	15025.7 c	0.59	85	176.8 bc	121.6
S3D1	16589.1 bc	0.65	85	195.2 b	132.2
S4D1	17767.9 b	0.70	60	296.1 a	122.4

续表

处理编号	产量 /(kg・hm⁻²)	相对产量	灌水量 /mm	灌溉水分利用效率 /(kg・hm⁻²・mm⁻¹)	平均果重 /g
S5D1	18493.9 b	0.72	100	184.9 b	125.9
S1D2	16584.1 b	0.65	170	97.6 d	128.0
S2D2	17644.3 b	0.69	85	207.6 c	134.1
S3D2	20729.6 a	0.81	60	345.5 b	131.5
S4D2	21875.0 a	0.86	50	437.5 a	134.6
S5D2	16686.5 b	0.65	80	208.6 c	114.9
S1D3	20709.4 ab	0.81	155	133.6 c	125.6
S2D3	14483.2 c	0.57	95	152.5 c	123.6
S3D3	25532.1 a	1.00	60	425.5 a	129.9
S4D3	21548.9 a	0.84	90	239.4 b	142.8
S5D3	18737.8 b	0.73	85	220.4 b	134.1
S1D4	21571.1 a	0.84	145	148.8 c	134.5
S2D4	18320.7 b	0.72	135	135.7 c	131.5
S3D4	16915.6 b	0.66	85	199.0 b	130.5
S4D4	20265.9 a	0.79	75	270.2 a	130.8
S5D4	19112.7 ab	0.75	85	224.9 a	133.3
S1D5	16399.9 a	0.64	280	58.6 b	126.8
S2D5	11984.8 b	0.47	190	63.1 b	120.4
S3D5	15587.1 a	0.61	125	124.7 a	129.5
S4D5	16609.8 a	0.65	105	158.2 a	128.5
S5D5	17310.8 a	0.68	80	216.4 a	134.6

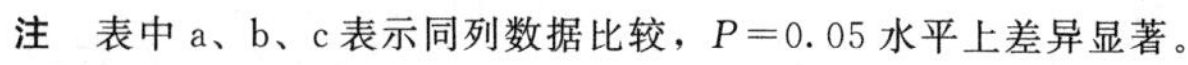
注 表中 a、b、c 表示同列数据比较，$P=0.05$ 水平上差异显著。

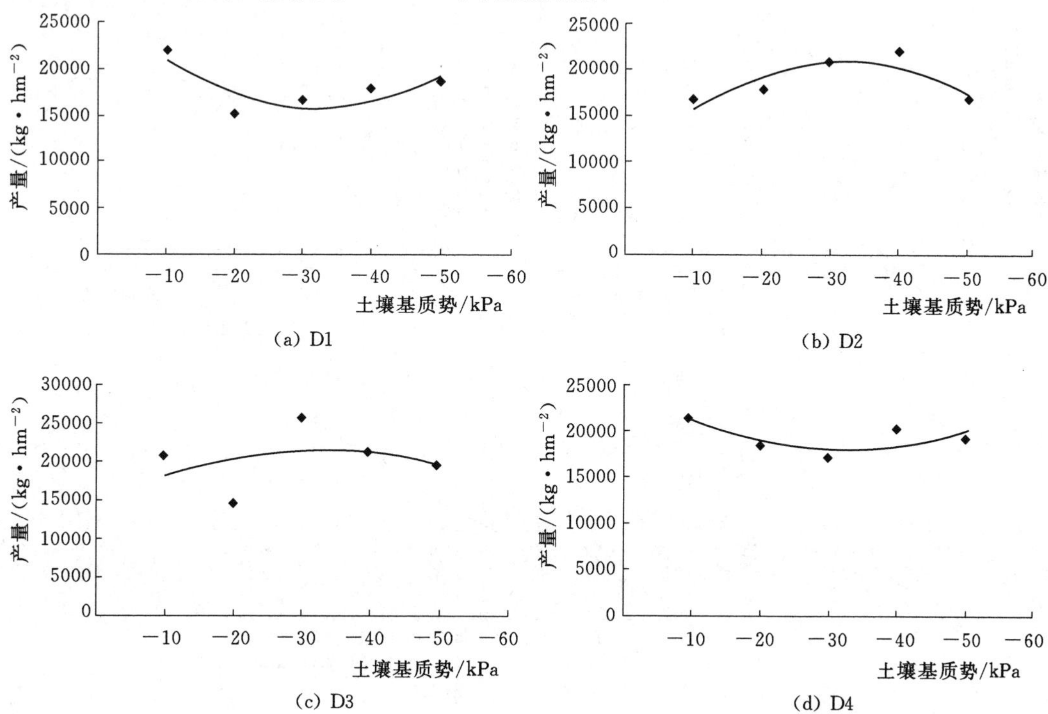

(a) D1　(b) D2　(c) D3　(d) D4

图 3.20（一） 番茄产量随控制点土壤基质势的变化规律

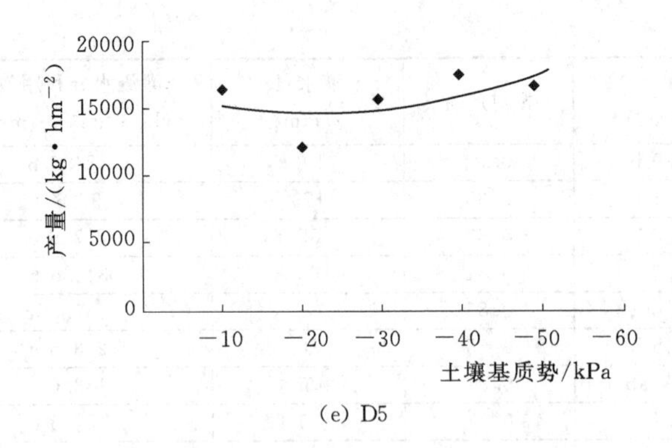

(e) D5

图 3.20（二） 番茄产量随控制点土壤基质势的变化规律

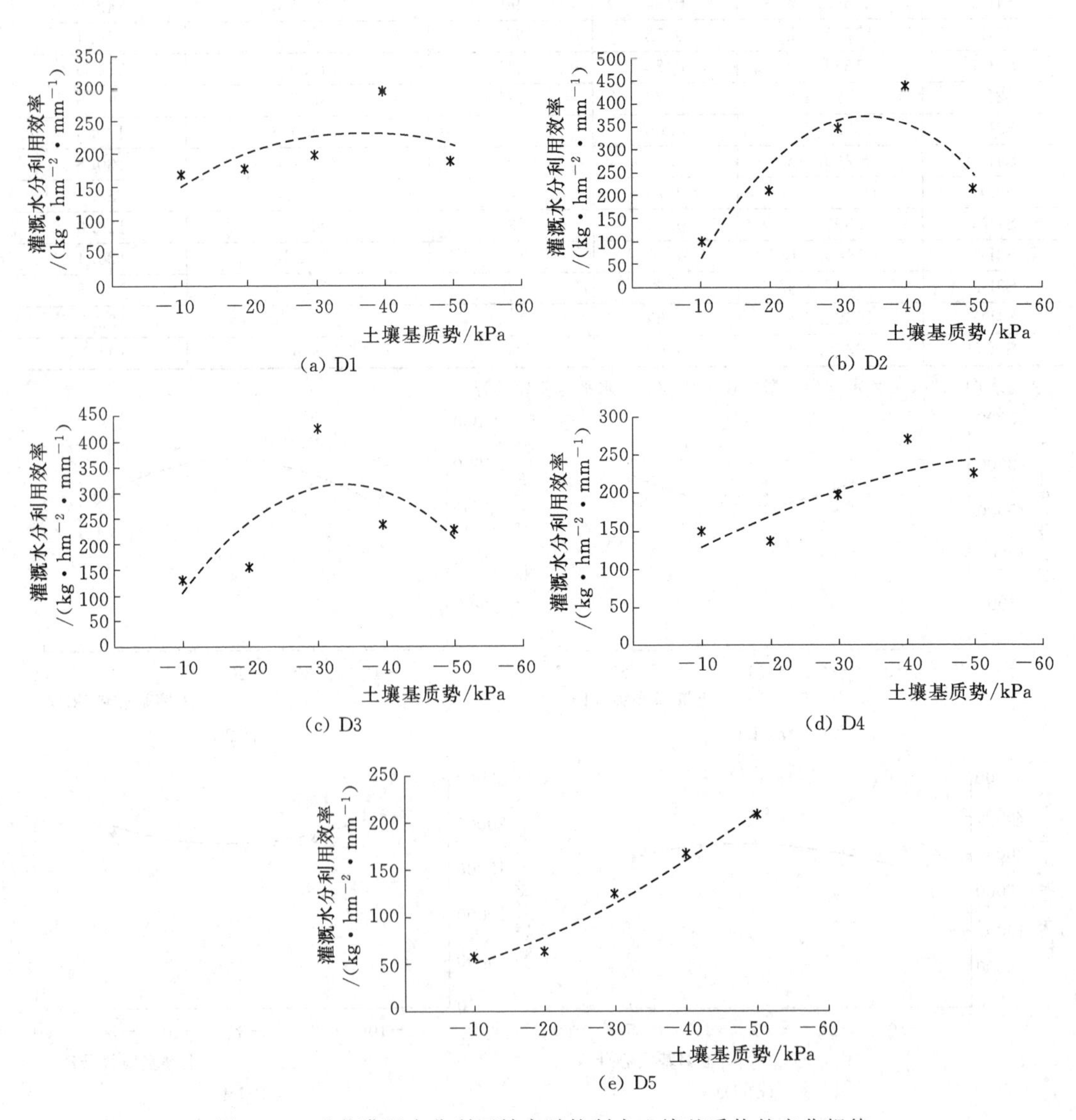

图 3.21 番茄灌溉水分利用效率随控制点土壤基质势的变化规律

毛管埋设深度为 10cm、40cm 与 50cm 的处理中，番茄产量随着控制基质势的减小，先减小后增大；毛管埋设深度为 20cm 与 30cm 的处理中，番茄产量随控制基质势的减小先增大后减小，最大值出现在土壤基质势为－30～－40kPa 时。

除毛管埋设深度为 50cm 的处理外，随着控制土壤基质势的减小，在不同毛管埋设深度处理中，番茄的灌溉水分利用效率呈现先增大后减小的趋势，当控制土壤基质势为－30～－40kPa时，可以获得较好灌溉水分利用效率，且不同水分处理间产量差异显著。

3.4 有效防止根系入侵调控方法的研究

图 3.22 为大田试验马铃薯根系入侵率随毛管埋深变化规律。从图中可以看到，

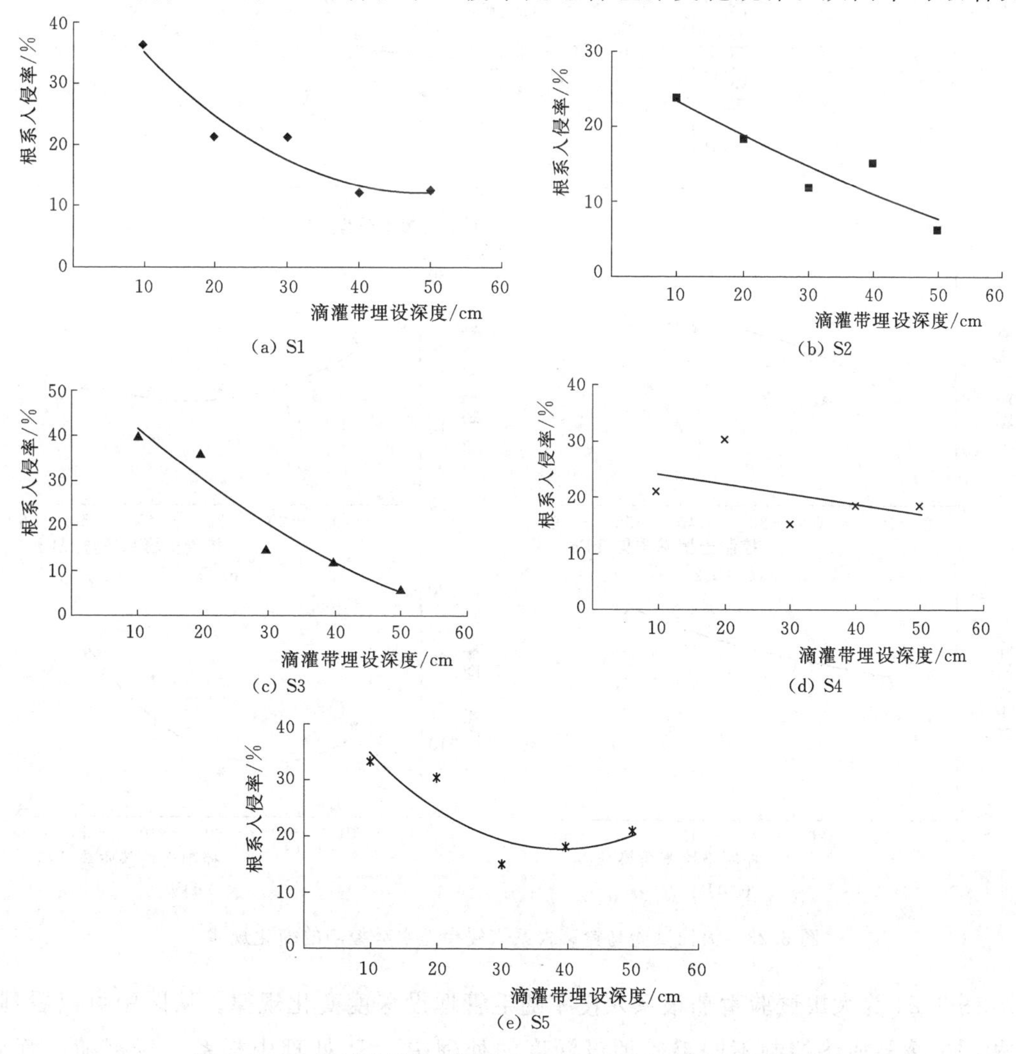

图 3.22 大田试验马铃薯根系入侵率随毛管埋设深度变化规律

在相同土壤基质势控制不同毛管埋设深度的处理中，S1、S2与S3处理中根系入侵率随毛管埋设深度的增加呈现降低的趋势，S4与S5处理中，毛管埋设深度为30cm的处理根系入侵率最低，并且毛管埋设深度大于30cm之后，根系入侵率变化不大。

图3.23为大田试验马铃薯根系入侵率随水势控制的变化规律。从图中可以看到，在相同毛管埋设深度不同的土壤基质势控制处理中，D1、D3与D5处理中根系入侵率随土壤基质势的减小呈现两头大中间小的趋势，D2处理根系入侵率随土壤基质势的减小呈现两头小中间大的趋势。D4处理根系入侵率随土壤基质势减小而增大，但增大幅度不大。总体上看，5个处理中，马铃薯的根系入侵率与控制土壤基质势关系比较散乱，并且差异不明显，这可能是由于降雨导致控制条件的不可控因素引起的。

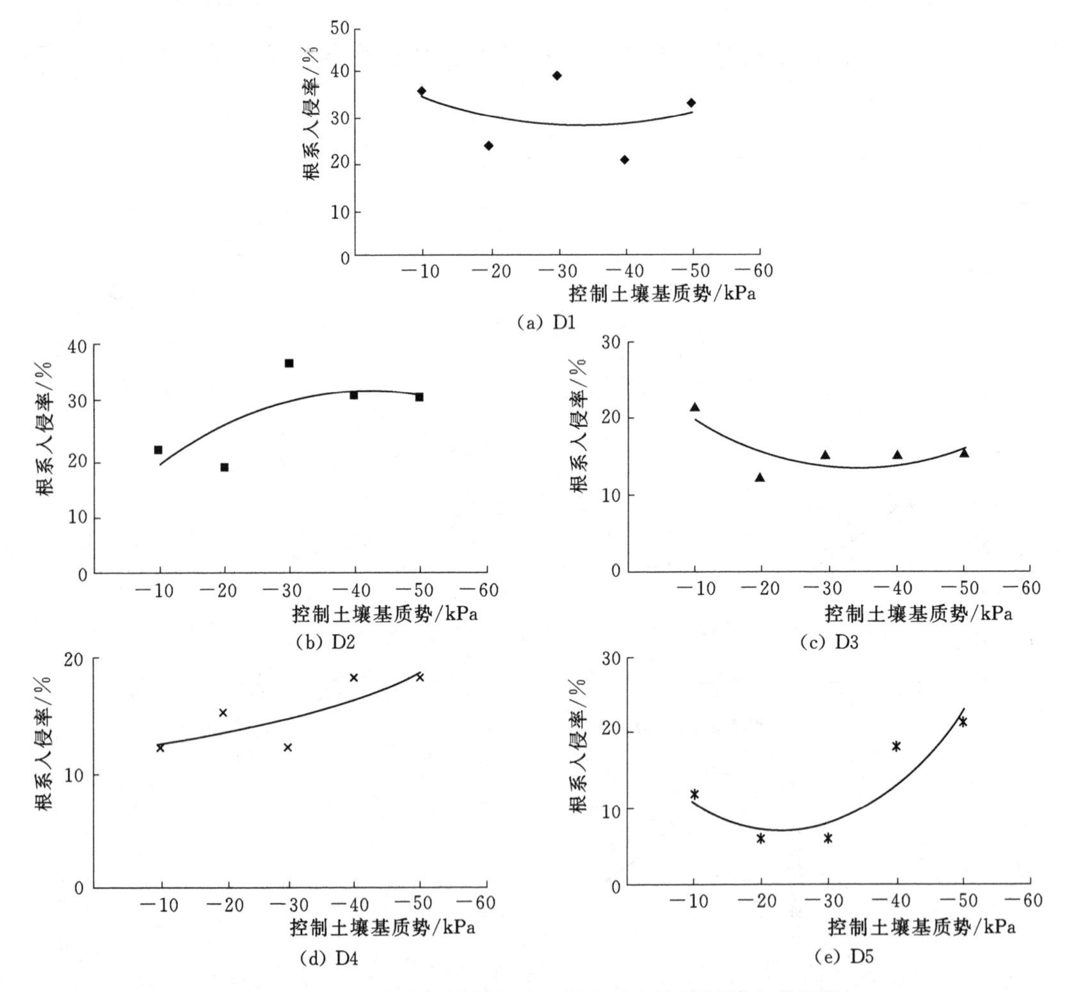

图3.23 大田试验马铃薯根系入侵率随水势控制的变化规律

图3.24为大田试验番茄根系入侵率随毛管埋设深度变化规律。从图中可以看到，在相同土壤基质势控制不同毛管埋设深度的处理中，S1处理中根系入侵率随毛管埋

设深度的增加呈现两头大中间小的趋势，S2 处理只有埋设深度为 50cm 时出现根系入侵，S3、S4 及 S5 处理随毛管埋设深度的增加呈现两头小中间大的趋势。

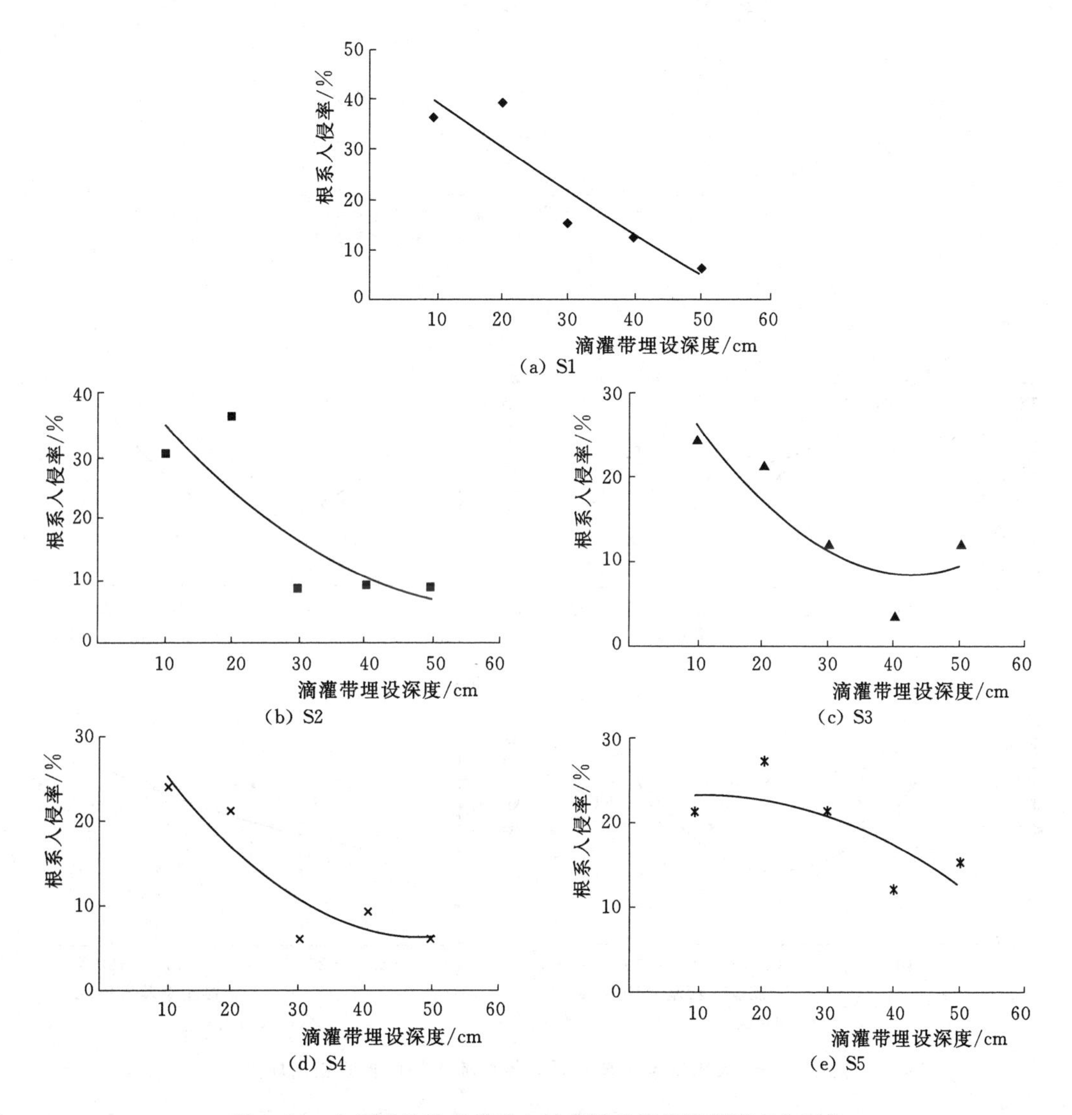

图 3.24 大田试验番茄根系入侵率随毛管埋设深度变化规律

图 3.25 为大田试验番茄根系入侵率随水势控制的变化规律。从图中可以看到，在相同毛管埋设深度不同的土壤基质势控制处理中，D1 与 D2 处理中根系入侵率随着控制土壤基质势的减小而减小，D3 与 D4 处理中根系入侵率随土壤基质势的减小呈现两头小中间大的趋势，D4 处理根系入侵率随土壤基质势减小而增大，但增大幅度不大。总体上看，5 个处理中，番茄根系入侵率与控制土壤基质势关系比较散乱，并且差异不明显，这可能是由于降雨导致控制条件的不可控因素引起的。

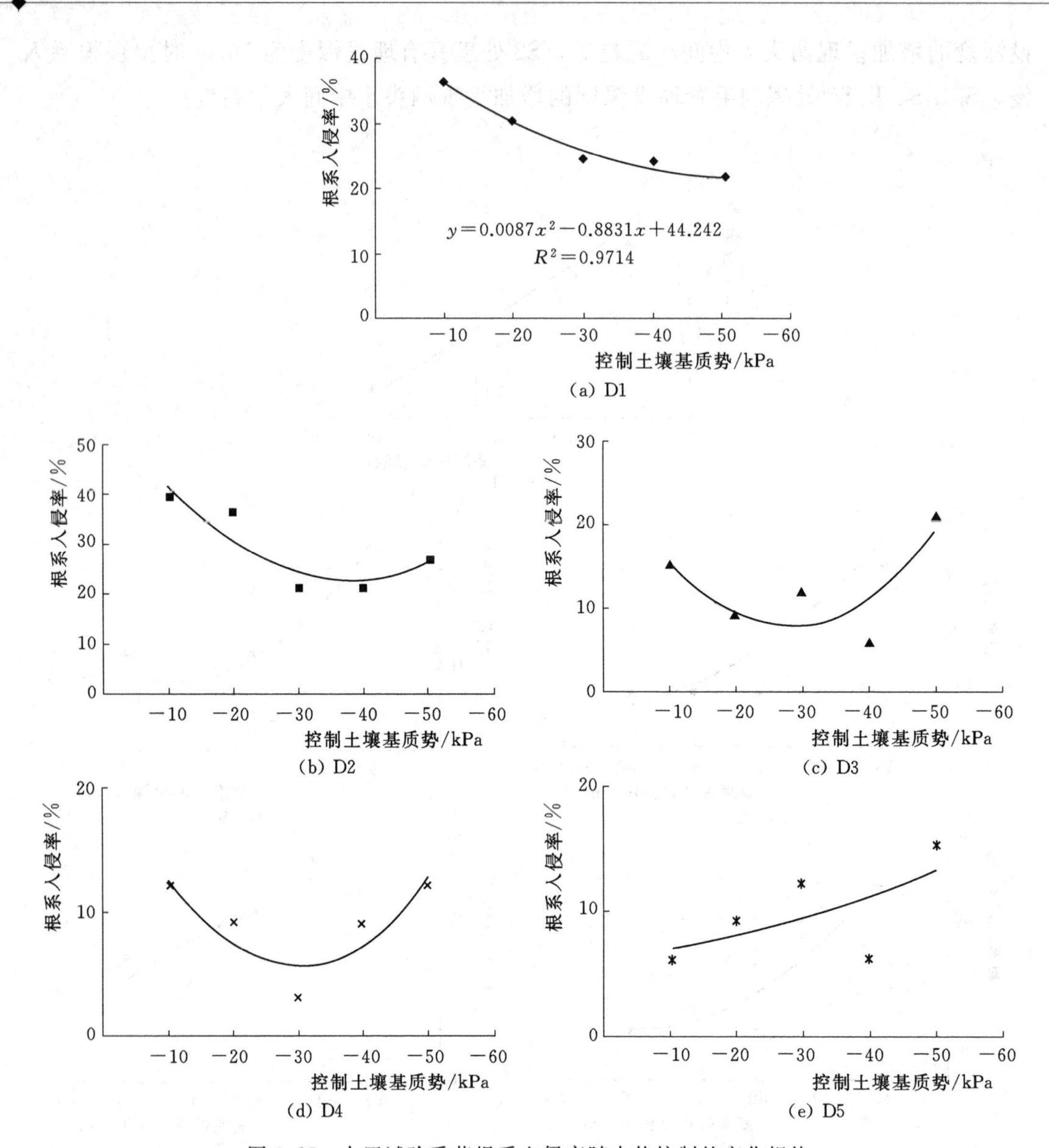

图 3.25 大田试验番茄根系入侵率随水势控制的变化规律

3.5 小结

通过本章研究可以发现当严格按照土壤水入渗率和横向扩散率确定灌水器的流量后，发现同地表滴灌一样，控制灌水器正下方、正上方或者附近距离地表 20cm 深度处的土壤基质势，可以有效控制作物（无论是深根系作物番茄，还是浅根系作物马铃薯）根系分布范围内平均土壤水分状况；作物的生长、产量和灌溉水分利用效率与该点土壤基质势关系密切，例如番茄和马铃薯在土壤基质势为－30kPa时的效果最好；从而提出了针对地下滴灌采用负压计监测土壤基质势、确定灌水时间的地下滴灌灌溉管理新方法。

毛管埋设深度可以明显影响根系入侵率，根系入侵率随着毛管埋设深度的增加而减小。由于大田条件比较复杂再加上降雨的影响，土壤基质势对根系入侵的影响尚不明确，需要进一步进行室内精细试验。

第4章 室内试验结果分析

4.1 土壤基质势对地下滴灌根系入侵的影响

为解决地下滴灌中出现的根系入侵问题，探讨土壤基质势对地下滴灌根系入侵的影响，本章将研究地下滴灌不同土壤基质势控制条件下冬小麦的根系分布、产量、水分利用效率、滴头流量等各项指标的响应关系，以期提出适宜的预防根系入侵的地下滴灌灌溉制度和操作方法。

4.1.1 灌水量和渗漏水

1. 灌水量

图 4.1 为不同土壤基质势处理下累计灌水量变化。从图中可以看到，5 个处理 S1D4、S2D4、S3D4、S4D4、S5D4 的累计灌水量分别为 99mm、134mm、145mm、97mm、117mm，即 S3D4＞S2D4＞S5D4＞S1D4＞S4D4。5 个处理 S1D4、S2D4、S3D4、S4D4、S5D4 每次的平均灌水量分别为 1.45mm、3.93mm、6.3mm、6.5mm、9.76mm，即 S5D4＞S4D4＞S3D4＞S2D4＞S1D4。每次平均灌水量随着土壤基质势的增

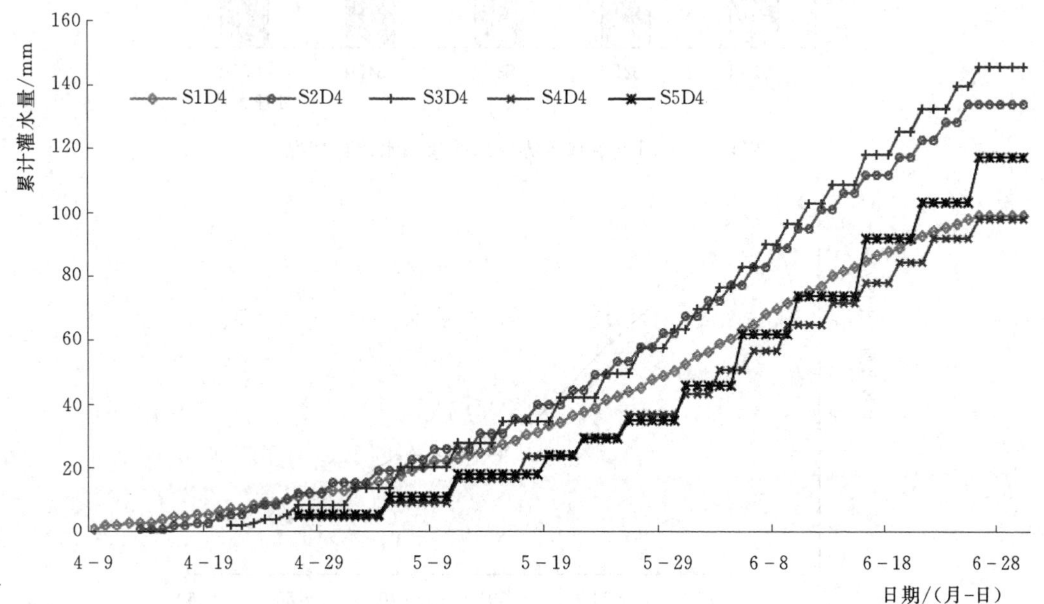

图 4.1 不同土壤基质势处理下累计灌水量变化

加而减小。5个处理S1D4、S2D4、S3D4、S4D4、S5D4平均灌溉频率分别为1.2天1次、2.3天1次、2.4天1次、5.3天1次、6.7天1次，即S1D4＞S2D4＞S3D4＞S4D4＞S5D4。平均灌水频率随着土壤基质势的增加而增加。

2. 渗漏水

图4.2为不同土壤基质势处理的渗漏水统计情况。5个处理S1D4、S2D4、S3D4、S4D4、S5D4的累计渗漏水分别为12.80mm、12.57mm、7.06mm、4.73mm、2.62mm，即S1D4＞S2D4＞S3D4＞S4D4＞S5D4。可见，渗漏水量随着土壤基质势的增加而增加，土壤基质势越大渗漏水量越多。图4.3为渗漏水在灌溉水中所占比例，5个处理S1D4、S2D4、S3D4、S4D4、S5D4的累计渗漏水在灌溉水中所占比例分别为12.91%、9.38%、4.85%、4.84%、2.22%，即S1D4＞S2D4＞S3D4＞S4D4＞S5D4。可见，渗漏水所占比例随着土壤基质势的增加而增加。

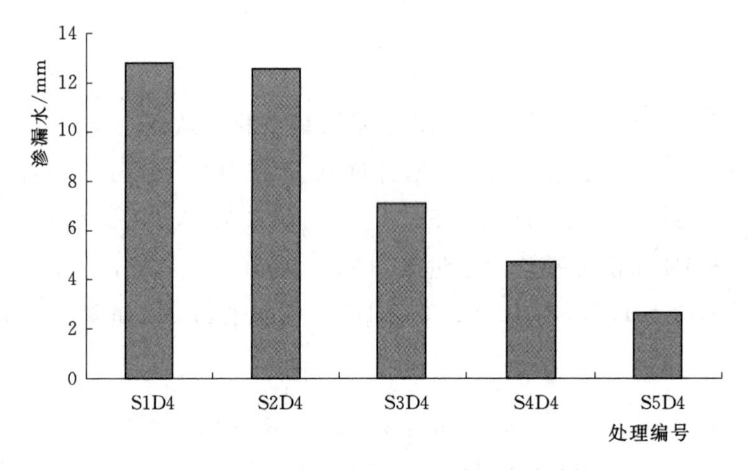

图4.2　不同土壤基质势处理的渗漏水统计情况

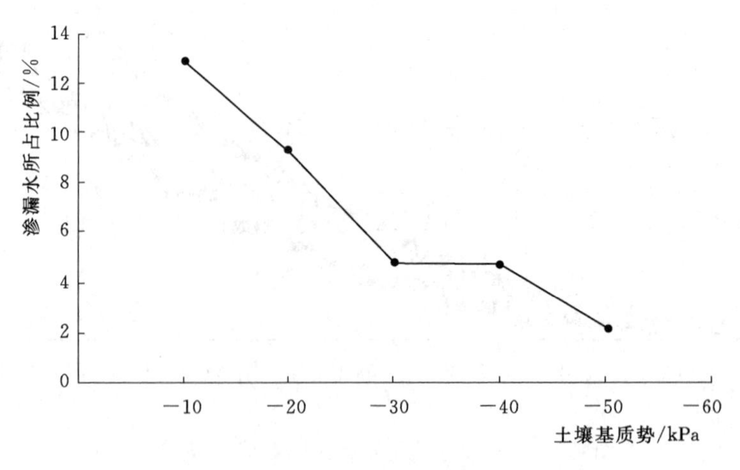

图4.3　渗漏水在灌溉水中所占比例

4.1.2 土壤基质势变化

1. 地表以下 20cm 深度处土壤基质势

图 4.4 为土壤基质势处理滴头正上方地表以下 20cm 深度处土壤基质势变化情况。该图所用数据为 8：00 负压计的读数。4 月 10 日之前初始土壤水分情况相同，所以土壤基质势变化相近，4 月 10 日以后开始根据土壤基质势阈值进行灌溉，所以 4 月 10 日之后土壤基质势变化开始出现差异。土壤基质势在变化过程中，首先随着时间的增加，基质势逐渐减小，当达到控制阈值时，灌溉发生时基质势迅速增大至－10kPa 左右。有的土壤基质势在没有达到控制阈值时就开始增加，这是因为负压计在每天的 8：00、12：00 和 17：00 读取 3 次。虽然 8：00 时没有达到阈值，但是在 12：00 或者 17：00 可能会达到阈值灌溉发生，所以土壤基质势会增加。

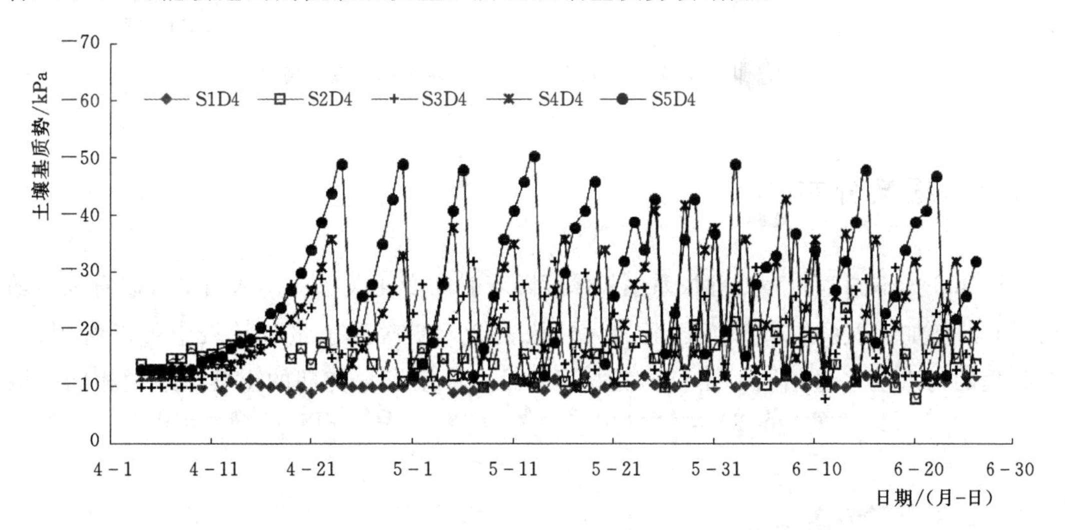

图 4.4 土壤基质势处理滴头正上方地表以下 20cm 深度处土壤基质势变化情况

从图 4.4 中还可以看到，土壤基质势的变化幅度随着控制阈值的减小而增加，控制阈值越小，地表以下 20cm 处的基质势变化幅度越大。所有处理的土壤基质势均控制在设定的范围之内。

2. 滴头附近土壤基质势

图 4.5 为土壤基质势处理滴头附近土壤基质势的变化情况。从图中可以看出，与图 4.4 相比每个处理滴头附近的土壤基质势变幅度比 20cm 深度处的变化幅度明显减小。当控制阈值为 S1、S2 和 S3 时，滴头附近的土壤基质势在－10kPa 附近变化，变化幅度较小，滴头附近土壤水分饱和或趋于饱和。当控制阈值为 S4、S5 时，土壤基

质势随着时间的增加，基质势逐渐减小，灌溉发生时迅速减小。滴头附近的土壤基质势在－8～－27kPa之间变化。5月19日之后，灌溉频率比之前增大，滴头附近的土壤基质势变化幅度变小。

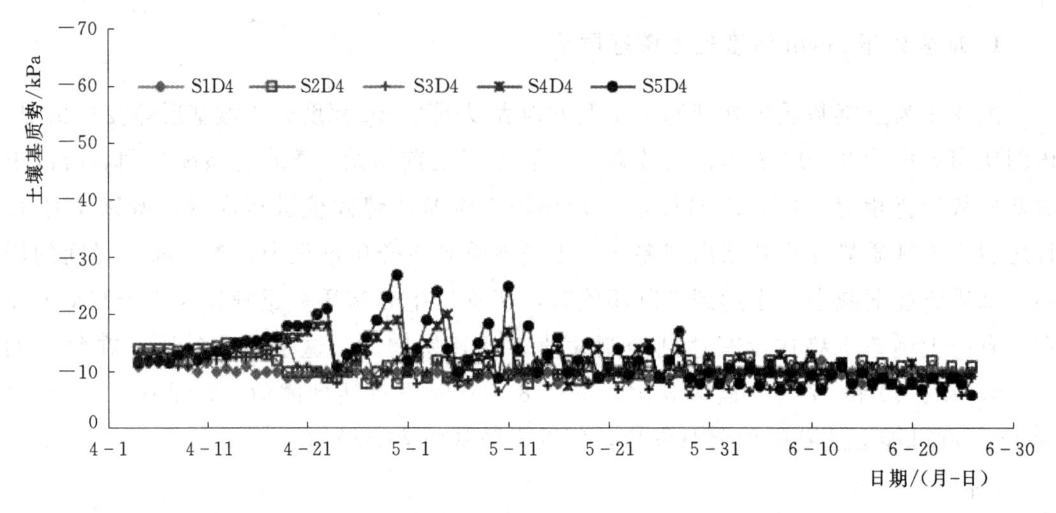

图4.5 土壤基质势处理滴头附近土壤基质势变化情况

4.1.3 根系分布

图4.6为不同基质势处理根系生长深度随着时间变化关系图。从图中可以看到，随着时间的增加，根系生长深度逐渐加大。从表2.5初次灌水量统计表中可以看到，5个处理的初次灌水量相同，在春小麦发芽之后，根系发育初期的土壤含水量相同，根

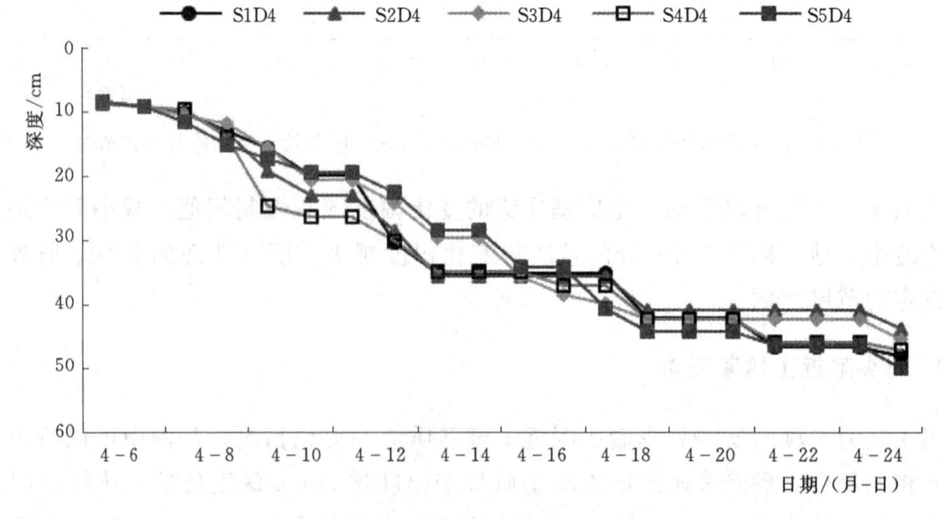

图4.6 不同基质势处理根系生长深度随时间变化关系图

系发育也相同。4 月 9 日之后各处理陆续开始依据土壤基质势阈值灌溉，所以根系生长出现差异，但是差异没有明确的规律性，这也可能是在观测过程中只能观测到紧贴边壁的部分根系造成的。因为在试验结束之前，只能通过土柱侧壁观测根系的生长深度。而通过侧壁观测到的根系只是小麦根系的很小一部分。4 月 19 日之后，所有处理的根系生长深度均超过了地表以下 40cm，并且这个时间可能更早。

图 4.7 为不同土壤基质势处理根干重分布情况。取根系时发现，当土壤深度大于 80cm 时，根系非常少，因此本次试验只统计了 0～80cm 内的小麦根系分布。在 5 个

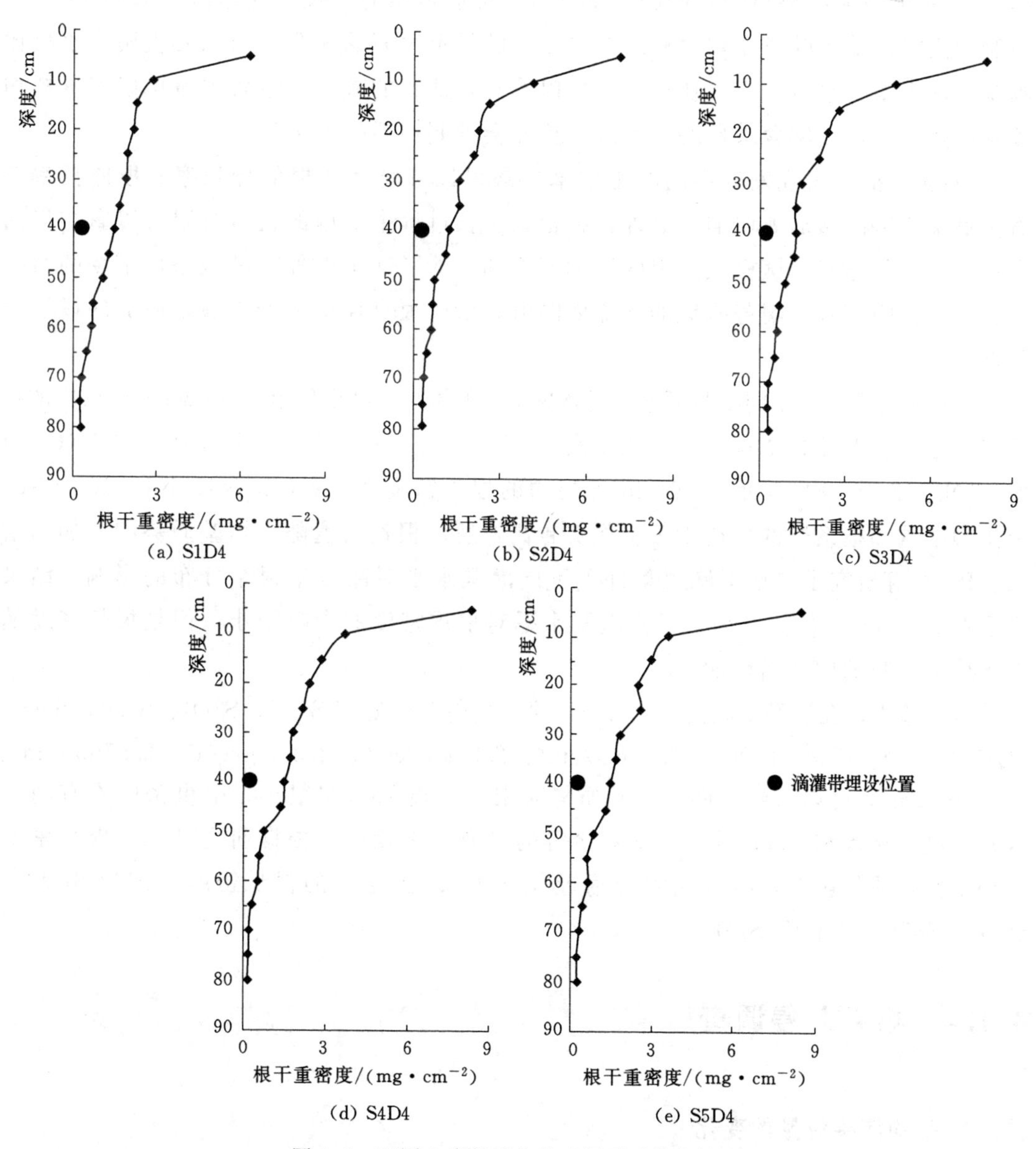

图 4.7 不同土壤基质势处理根干重分布情况

处理中，随着土壤深度的增加根干重均逐渐减小。经过统计，76%以上的根系分布在0～40cm以内的土层内，52%以上的根系分布在0～20cm以内的土层内。这个结果与Plaut等，李等和余等的研究结果类似。

在0～80cm的土层内S1D4、S2D4、S3D4、S4D4、S5D4处理的总根重分别为23.21g、24.44g、25.40g、26.34g、26.96g，即S5D4＞S4D4＞S3D4＞S2D4＞S1D4。总根重随土壤基质势控制阈值的增加而减小。可见低的土壤含水量可以获得较大的总根重，这个结果和之前Plaut等的研究结果相同。不过和Rubens等的研究结果不同，Rubens等的研究结果显示，低的土壤含水量抑制根系的生长。这是由于Rubens等在控制灌溉时是等到叶子萎蔫之后才在第二天的早上才开始灌溉，所以其土壤含水量比本次试验土壤含水量要小。从这里也可以看到，适宜的减小土壤含水量可以促进植物根系的生长，而土壤含水量的过度减小反而会抑制根系的生长。

Bengough等研究发现不同的土壤基质势可以影响植物根的伸长率。根伸长率随着土壤基质势的增加而增加。另外，在根系生长过程中土壤的机械抗阻可以影响根的直径。根直径随着土壤机械抗阻的增加而增加。除了沙土以外在其他条件不变的情况下，机械抗阻随着土壤基质势的增加而降低，所以根直径也随着土壤基质势的增加而降低。

王风新等研究了不同滴灌频率对马铃薯根系的影响。结果显示在0～60cm土层内的根重密度为N1（1天1次）＜N2（2天1次）＜N3（3天1次）≈N4（4天1次）＜N6（6天1次）＜N8（8天1次）。而0～60cm土层内的根长密度N1＞N2＞N3＞N4＞N6＞N8。灌溉频率越高根系层的平均土壤基质势越高，所以根长密度随土壤基质势的增加而增加。Plaut等研究了在地下滴灌条件下不同灌溉水平对甜玉米根系分布的影响。结果显示在30～45cm的土层内，不同灌溉水平对根重密度的影响很小，但是根长密度随着土壤基质势的增加而增加。

本试验中，在滴灌带附近35～45cm的土层内5个处理S1D4、S2D4、S3D4、S4D4、SD45的根重密度分别为2.75mg/cm^2、2.32mg/cm^2、2.35mg/cm^2、2.97mg/cm^2、2.80mg/cm^2。可以看到不同土壤基质势对根重密度的影响很小，根重密度没有明显区别。这个结果和Plaut等、李等和余等的研究结果相同。根据研究结果，根长密度受到土壤基质势影响，所以滴灌带附近35～45cm土层内的根长密度应该为S1D4＞S2D4＞S3D4＞S4D4＞S5D4。

4.1.4 根系入侵调查

1. 平均滴头流量的变化

图4.8为不同土壤基质势处理平均滴头流量随时间的变化情况。5个处理的滴头

流量均随时间的增加而减小，但是减小趋势与土壤基质势有关。S1D4 处理平均滴头流量变化最大，平均滴头流量的减小主要发生在 5 月 22 日之前。5 月 22 日之后的流量基本没有变化。在 S2D4 和 S3D4 处理平均滴头流量变化比 S1D4 小，滴头流量的变化在 6 月 1 日之前的减小率明显大于 6 月 1 日之后的减小率。相对于其他处理，S4D4 和 S5D4 处理滴头流量的变化小余其他处理。平均滴头流量的减小发生在 6 月 1 日之前，6 月 1 日之后基本没有变化。

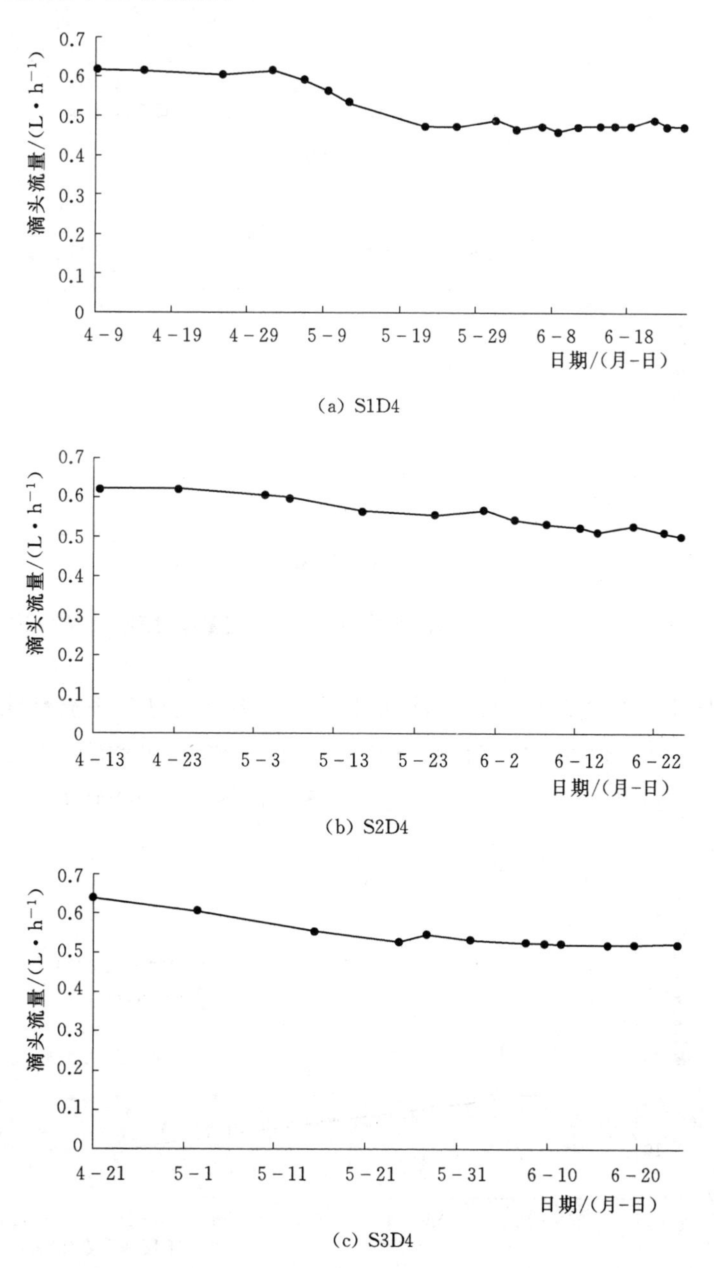

图 4.8（一） 不同土壤基质势处理平均滴头流量随时间的变化情况

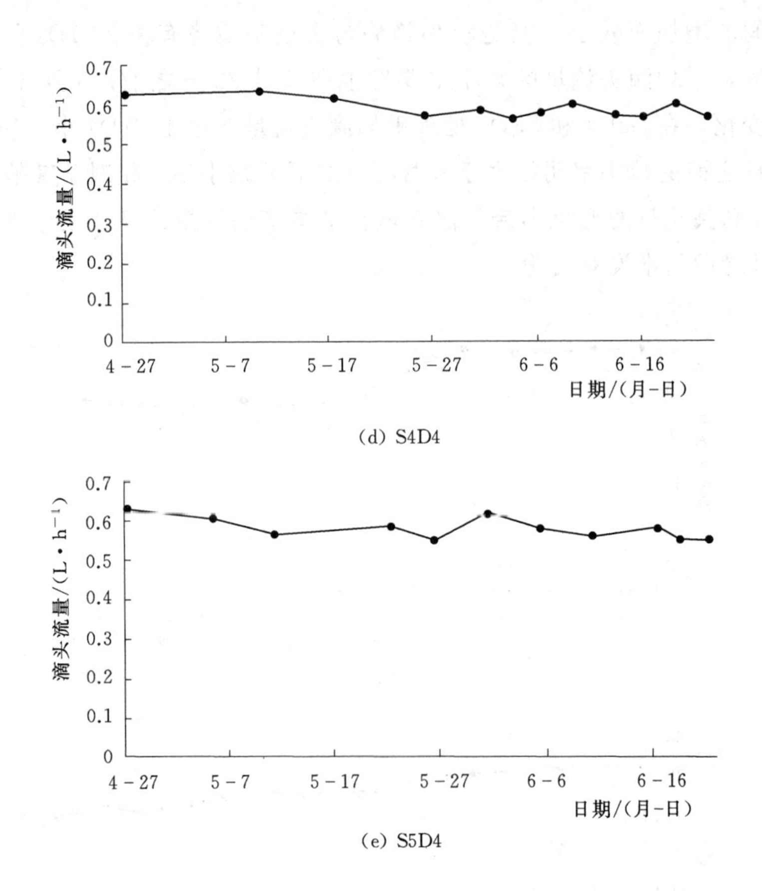

(d) S4D4

(e) S5D4

图4.8（二）　不同土壤基质势处理平均滴头流量随时间的变化情况

图4.9不同土壤基质势处理平均滴头流量减小率（最终滴头流量除以初始滴头流量）变化情况。5个处理S1D4、S2D4、S3D4、S4D4、S5D4平均滴头流量的减小分别为22.9%、19.1%、17.1%、9.9%、12.7%，即S1D4>S2D4>S3D4>S5D4>S4D4。

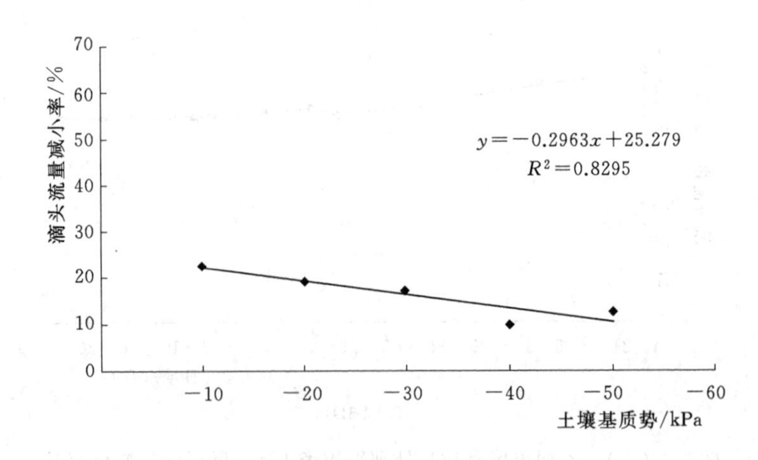

图4.9　不同土壤基质势处理平均滴头流量减小率变化情况

2. 根系入侵统计

在小麦收获之后，将所有的滴头剖开后进行了根系入侵的调查。图 4.10 为滴头剖面图。从图中可以看到，图 4.10（a）为没有根系入侵；图 4.10（b）为发生了根系入侵，但是根系只进入了滴头出口，未进入滴头的流道；图 4.10（c）为发生了根系入侵，并且根系已经进入滴头的流道。很显然发生图 4.10（c）所示类型根系入侵时，滴头流量减小最大。另外如图 4.10 所示，在滴头解剖过程中，发现滴头出口有少量土壤的进入，在滴头的流道内有少量沉淀物的存在。

(a) 无根系入侵

(b) 根系入侵滴头出口

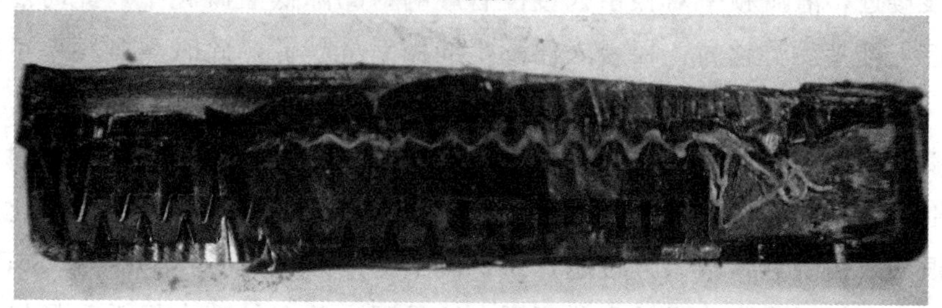

(c) 根系入侵滴头流道

图 4.10 滴头剖面图

每个处理 3 个重复共计 9 个滴头。从表 4.1 中可以看到，每个处理中均有根系入侵的发生，但是根系入侵的严重程度和比率不同。总根系入侵的滴头数量先随着土壤基质势的减小而减小，在土壤基质势为－40kPa 时达到最小，之后又随着土壤基质势的减小而增加。5 个处理发生根系入侵的滴头总数和根系入侵率（每个处理发生根系入侵的滴头数量/每个处理滴头总数量）符合 S1D4＞S2D4＞S3D4＝S5D4＞S4D4。

表4.1 滴头解剖统计

处理编号		S1D4	S2D4	S3D4	S4D4	S5D4
解剖数/个		9	9	9	9	9
根系入侵数/个	类型b	2	2	1	2	2
	类型c	5	4	2	0	1
	总计	7	6	3	2	3
根系入侵率/%		77.78	66.67	33.33	22.22	33.33

结合分析结果可知，当土壤基质势阈值大于等于－30kPa时，滴头附近的土壤基质势差别不大（灌溉频率不影响滴头附近土壤基质势），此时根系入侵总数和根系入侵率主要受到根长密度的影响，根长密度越大，滴头附近的根系越密集，发生根系入侵的概率越大，这个结果和Sánchez的研究结果相同。当土壤基质势控制阈值为－40kPa和－50kPa时，滴头附近的土壤基质势变化较大，土壤基质势控制阈值越小滴头附近土壤基质势变化幅度越大。此时根系入侵总数和根系入侵率主要受到滴头附近土壤基质势的影响，由于根系的向水性，土壤基质势越小，发生根系入侵的概率越大。由前面的分析知道，土壤基质势控制阈值越小，平均灌溉频率越低，所以灌溉频率越低发生根系入侵的概率越大，这个结果和Camp、Lamm和Sánchez的研究结果相同。

由此可见，灌溉频率影响根系入侵是通过影响滴头附近的土壤基质势实现的。可以分为两个种情况：①当灌溉频率较高时，此时不同灌溉频率的处理中滴头附近的土壤基质势很接近，灌溉频率对根系入侵没有影响；②降低灌溉频率，此时灌溉频率越高滴头附近土壤基质势越高，根系入侵发生的概率也越低，此时灌溉频率可以影响根系入侵。

结合滴头流量的变化可以发现，根系入侵和滴头流量密切相关。通过对滴灌带的挖掘和解剖可以判断，根系入侵是本次试验滴头流量减小的主要因素。对比滴头流量的变化和根系入侵统计，根系入侵越严重，滴头流量减小越多。S3D4和S5D4虽然根系入侵率相同，但是滴头流量的变化不同，这是因为两个处理中根系入侵发生的类型不同。S3D4处理中发生了b型1个、c型2个，S5D4处理中发生了b型2个、c型1个，b型根系入侵引起滴头流量的变化要小于c型，所以滴头流量的减小S3D4>S5D4。

4.1.5 土壤基质势对春小麦生长、产量及水分利用效率的影响

图4.11为小麦叶绿素含量随着土壤基质势的变化情况。从图中可以看到，不同

土壤基质势对植株叶绿素含量有明显影响。叶绿素含量先随土壤基质势的降低而增加，在土壤基质势为－40kPa时达到最大，之后随着土壤基质势的降低而降低。

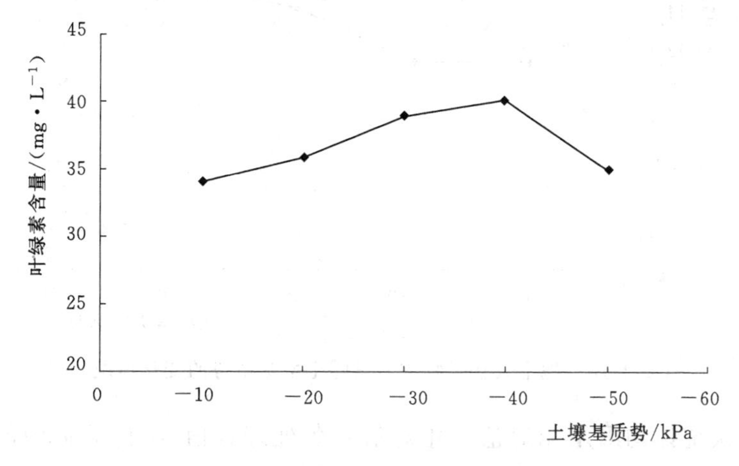

图4.11 小麦叶绿素含量随土壤基质势变化情况

图4.12为不同土壤基质势条件下株高的变化过程。从图中可以看到，在春小麦的生育初期各处理的株高变化基本相同。4月23日之后株高开始出现明显差异，各处理的株高S4D4＞S5D4≈S3D4＞S2D4＞S1D4，之后整个生育期基本保持相同的差异。

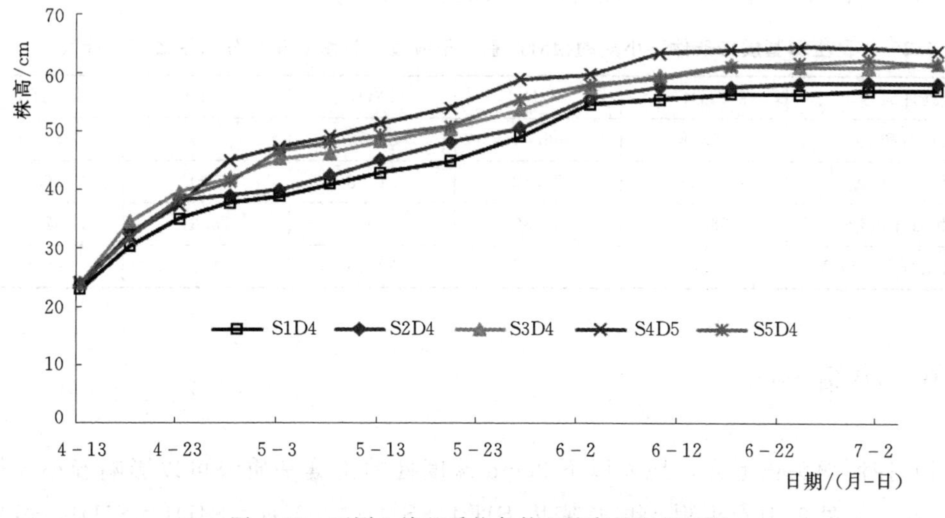

图4.12 不同土壤基质势条件下株高的变化过程

图4.13为地上收获干物质质量随土壤基质势的变化情况。从图中可以看到，不同土壤基质势对地上收获干物质重量有明显影响。干物质质量先随着土壤基质势的降低而增加，在土壤基质势为－40kPa时达到最大，之后随着土壤基质势的降低而降低。

表4.2为不同土壤基质势条件下小麦的相对产量、千粒重、耗水量和水分利用效

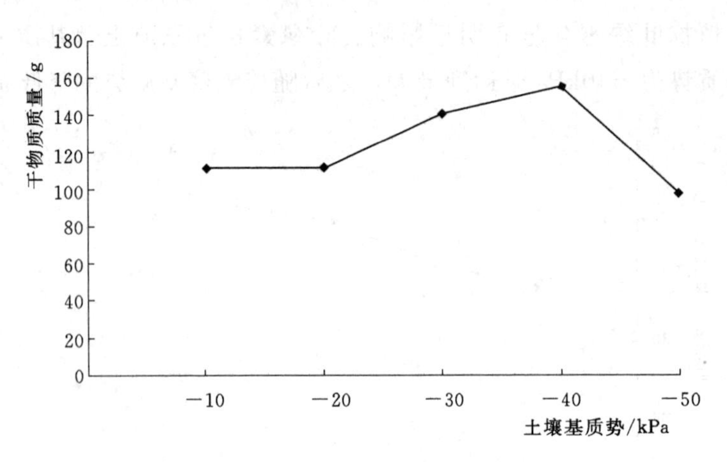

图 4.13 地上收获干物质质量随土壤基质势的变化情况

率统计表。本次统计均采用相对值，相对值＝各处理数值/统计数据中的最大值。试验结果发现，土壤基质势对小麦各项指标有明显影响，从表 4.2 中可以看到，S4D4 处理的产量最高，S5D4、S3D4、S1D4 和 S2D4 处理的产量依次递减。S4D4 处理的千粒重最高，S1D4、S5D4、S3D4 和 S2D4 处理的产量依次递减。S3D4 处理的耗水量最高，S5D4、S2D4、S1D4 和 S4D4 处理的产量依次递减。S5D4 处理的耗水量最高，S1D4、S5D4、S3D4 和 S4D4 处理的产量依次递减。

表 4.2 不同土壤基质势条件下小麦的相对产量、千粒重、耗水量和水分利用效率统计表 %

处理编号	S1D4	S2D4	S3D4	S4D4	S5D4
相对产量	73.48	66.44	88.69	100	89.16
相对千粒重	90.26	76.12	81.58	100	86.34
相对耗水量	66.32	86.82	100	75.61	92.29
相对水分利用效率	87.85	55.47	62.03	100	68.90

4.1.6 小结

(1) 控制滴头正上方，地表以下 20cm 深度处的土壤基质势可以影响春小麦根系分布，在 5 个处理中滴头附近根长密度 S1D4＞S2D4＞S3D4＞S4D4＞S5D4，根长密度随土壤基质势的增加而增加。

(2) 灌溉频率对根系入侵的影响分为两个阶段：①当灌溉频率达到一定数值后，灌溉频率再增高滴头附近的土壤基质势将不再变化或变化很小（S1D4、S2D4、S3D4），此时灌溉频率对根系入侵没有影响；②当灌溉频率较低时，此时灌溉频率越高滴头附近土壤基质势越高，根系入侵发生的概率也越低，此时灌溉频率可以影响根系入侵（S4D4、S5D4）。

（3）控制滴头正上方，地表以下20cm深度处的土壤基质势下限制定灌溉计划可以影响地下滴灌根系入侵的发生，在5个处理中S4D4根系入侵率最小，为22.22%。

（4）控制滴头正上方，地表以下20cm深度处的土壤基质势下限制定灌溉计划可以影响春小麦生长、产量及水分利用效率，在5个处理中，S4D4处理在各方面表现都最优。

4.2　毛管埋设深度对地下滴灌根系入侵的影响

为解决地下滴灌中出现的根系入侵问题，探讨不同毛管埋设深度对地下滴灌根系入侵的影响，本章将研究地下滴灌不同毛管埋设深度与根系分布、产量、水分利用效率、滴头流量等各项指标的响应关系，以期提出预防根系入侵的适宜毛管埋设深度。

4.2.1　灌水量和渗漏水

1. 灌水量

图4.14为毛管埋设深度处理累计灌水量变化情况。从图中可以看到，5个处理S4D1、S4D2、S4D3、S4D4、S4D5累计灌水量分别为141mm、82mm、134mm、97mm、109mm，即S4D1＞S4D3＞S4D5＞S4D4＞S4D2。在各处理中灌水量最少的是S4D2处理，这个处理毛管埋设深度为20cm，控制灌溉的负压计也埋设在地表以下

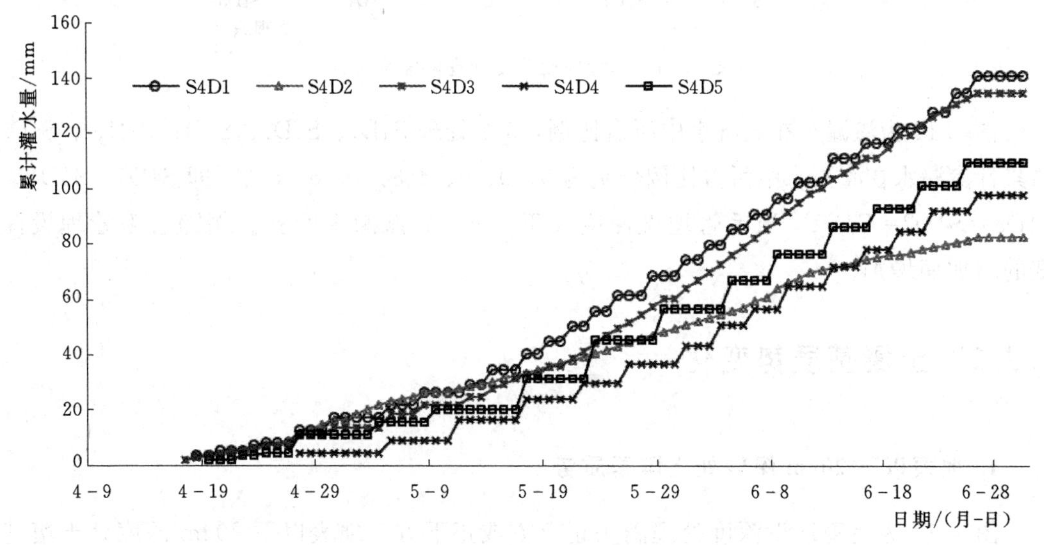

图4.14　毛管不同埋设深度处理累计灌水量变化情况

20cm 处，也就是负压计就埋设在滴头旁边，当灌溉发生时，负压计陶土头附近的土壤基质势很快升至－10kPa，灌溉停止，每次灌水量不超过 2mm，所以累计灌水量比其他处理都少。5 个处理每次的平均灌水量分别为 5.87mm、1.34mm、2.62mm、6.5mm、7.78mm，即 S4D5＞S4D4＞S4D1＞S4D3＞S4D2。5 个处理 S4D1、S4D2、S4D3、S4D4、S4D5 平均灌溉频率分别为 3.3 天 1 次、1.3 天 1 次、1.6 天 1 次、5.3 天 1 次、5.7 天 1 次，即 S4D2＞S4D3＞S4D1＞S4D4＞S4D5。

2. 渗漏水

图 4.15 为不同毛管埋设深度条件下的渗漏水统计。5 个处理 S4D1、S4D2、S4D3、S4D4、S4D5 的累计渗漏水分别为 0、0、0、24.31mm、59.04mm，即 S4D1＝S4D2＝S4D3＞S4D4＞S4D5。可见，毛管埋设深度可以影响渗漏水量，当毛管埋设深度不大于 30cm 时，没有渗漏水；当毛管埋设深度大于 30cm 后，渗漏水量随着毛管埋设深度的增加而增加。

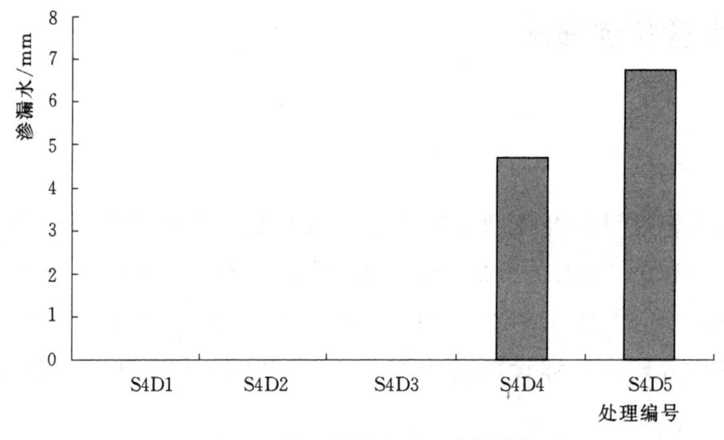

图 4.15　毛管埋设深度处理渗漏水统计

图 4.16 为渗漏水在灌溉水中所占比例，5 个处理 S4D1、S4D2、S4D3、S4D4、S4D5 的累计渗漏水在灌溉水中所占比例分别为 0、0、0、4.84％、6.15％，即 S4D5＞S4D4＞S4D3＝S4D2＝S4D1。当毛管埋设深度大于 30cm 后渗漏水所占比例随着毛管埋设深度的增加而增加。

4.2.2　土壤基质势变化

1. 地表以下 20cm 深度处土壤基质势

图 4.17 为毛管埋设深度处理滴头正上方或正下方，地表以下 20cm 深度处土壤基质势变化情况。该图所用数据为早上 8：00 负压计的读数。从图中可以看到，随着时

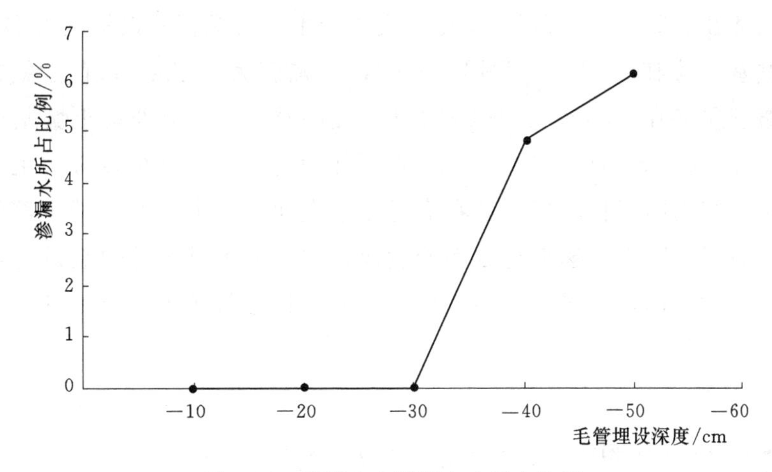

图 4.16　渗漏水在灌溉水中所占比例

间的增加土壤基质势逐渐减小，当基质势达到控制阈值时，灌溉发生，基质势迅速增加。有的土壤基质势在没有达到控制阈值时就开始增加，这是因为负压计在每天的8：00、12：00和17：00读取3次。虽然8：00时没有达到阈值，但是在12：00或者17：00可能会达到阈值灌溉发生，所以土壤基质势会增加。

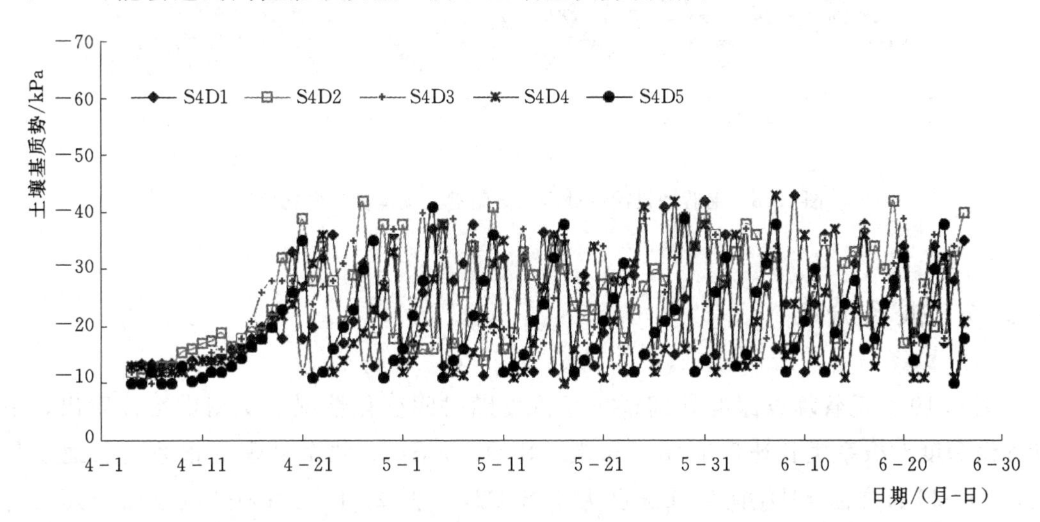

图 4.17　毛管埋设深度处理滴头正上方或正下方，地表以下 20cm 深度处土壤基质势变化情况

从图 4.17 中还可以看到，5 个处理的土壤基质势变化过程类似，所有处理的土壤基质势均控制在设定的范围之内。

2. 滴头附近土壤基质势

图 4.18 为毛管埋设深度处理滴头附近土壤基质势变化情况。从图中可以看出，毛管埋设深度对滴头附近土壤基质势影响明显。当毛管埋设深度为 D4 和 D5 时，滴头

附近土壤基质势在－20～－6.5kPa变化，变幅较小。当毛管埋设深度为D3和D2时，滴头附近土壤基质势在－32～－11kPa变化，变幅较大。当毛管埋设深度为D1时，滴头附近土壤基质势在－59～－11kPa变化，变幅最大。5个处理土壤基质势的变幅S4D1＞S4D2＞S4D3＞S4D4＞S4D5，滴头附近土壤基质势变化幅度随着毛管埋设深度的增加而减小。植物的根长密度一般在靠近土壤表面处最大，并随着土壤深度的增加而逐渐减小。而根系吸水的速率与根系密度成正比，又由于水分也会从土壤表层蒸发掉，所以在一定时间内，越靠近表层土壤水分的损耗也就越大，土壤基质势的变化幅度也就越大。

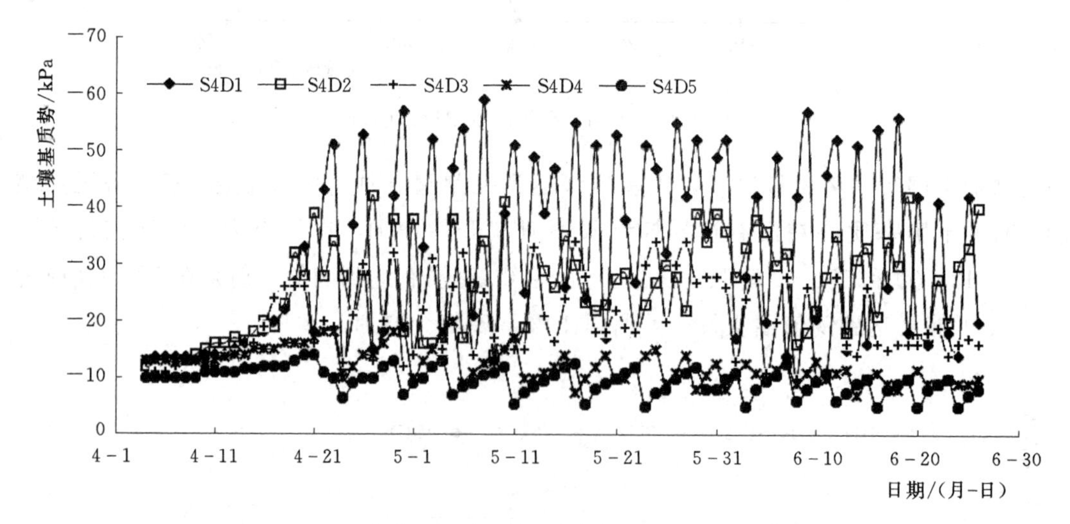

图4.18 毛管埋设深度处理滴头附近土壤基质势变化情况

4.2.3 根系分布

图4.19为毛管埋设深度处理根生长深度随时间变化情况。从图中可以看出，毛管埋设深度对根系生长速度有明显影响。S4D1和S4D2两个处理的根系生长速度最快，4月20日之前S4D1的生长速度大于S4D2，4月20日之后两个处理生长速度相差较小。S4D3、S4D4和S4D5 3个处理的根系生长速度小于S4D1和S4D2两个处理。4月10日之前，根系生长速度S4D3＞S4D5＞S4D4，4月10—18日，根系生长速度S4D3＞S4D4＞S4D5，4月18日之后3个处理生长速度相差较小。根系生长速度总体随着毛管埋设深度的增加而减小。4月25日之后，所有处理的根系生长深度均超过了－50cm，并且这个时间可能更早。因为在试验结束之前，只能通过土柱侧壁观测根系的生长深度。而通过侧壁观测到的根系只是小麦根系的很小一部分。

结合表2.5初次灌水量统计表，从根系生长速度的差异中可以看到，土壤含水量对根系的发育有明显影响。初次灌水量S4D5＞S4D4＞S4D3＞S4D2＞S4D1，所以播

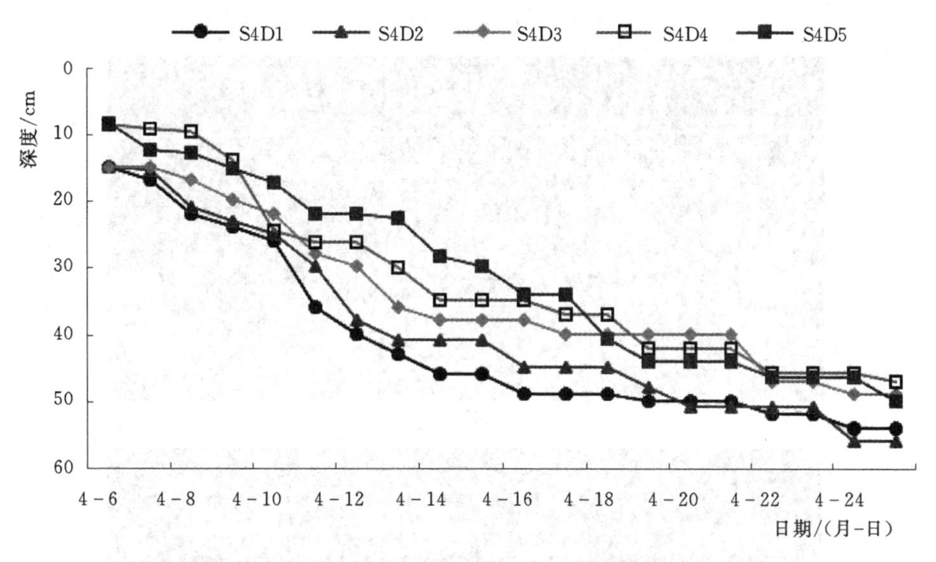

图 4.19 毛管埋设深度处理根系生长深度随时间变化情况

种之后至灌溉开始之前（4 月 17 日）5 个处理的土壤含水量 S4D5＞S4D4＞S4D3＞S4D2＞S4D1，而这段时间根系的生长速率为 S4D5＜S4D4＜S4D3＜S4D2＜S4D1，可见在春小麦生长初期土壤含水量越低根系生长速率越快，如图 4.20 所示。适度的降

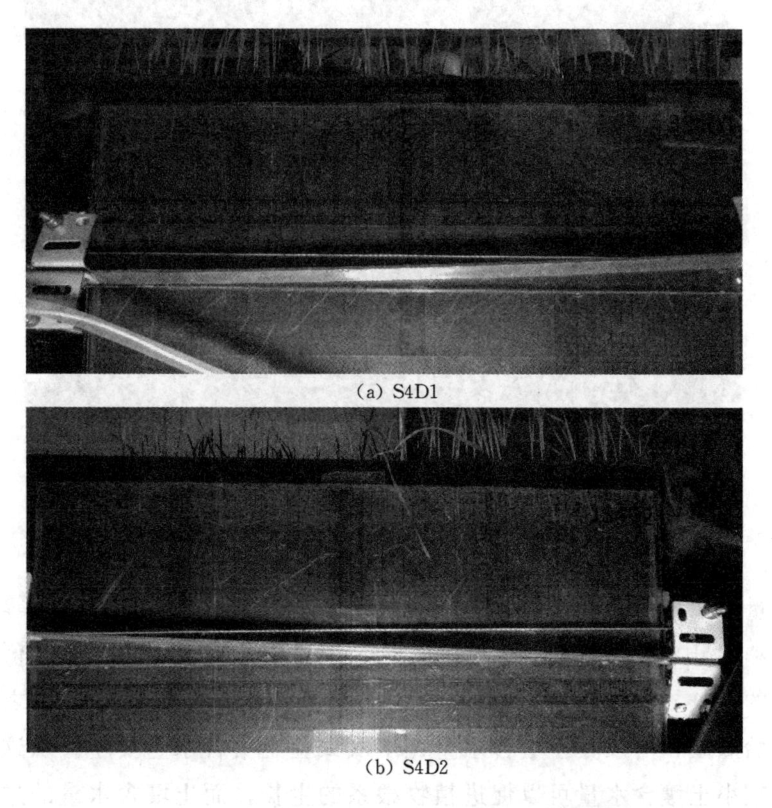

(a) S4D1

(b) S4D2

图 4.20（一） 毛管埋设深度处理侧壁根系分布情况

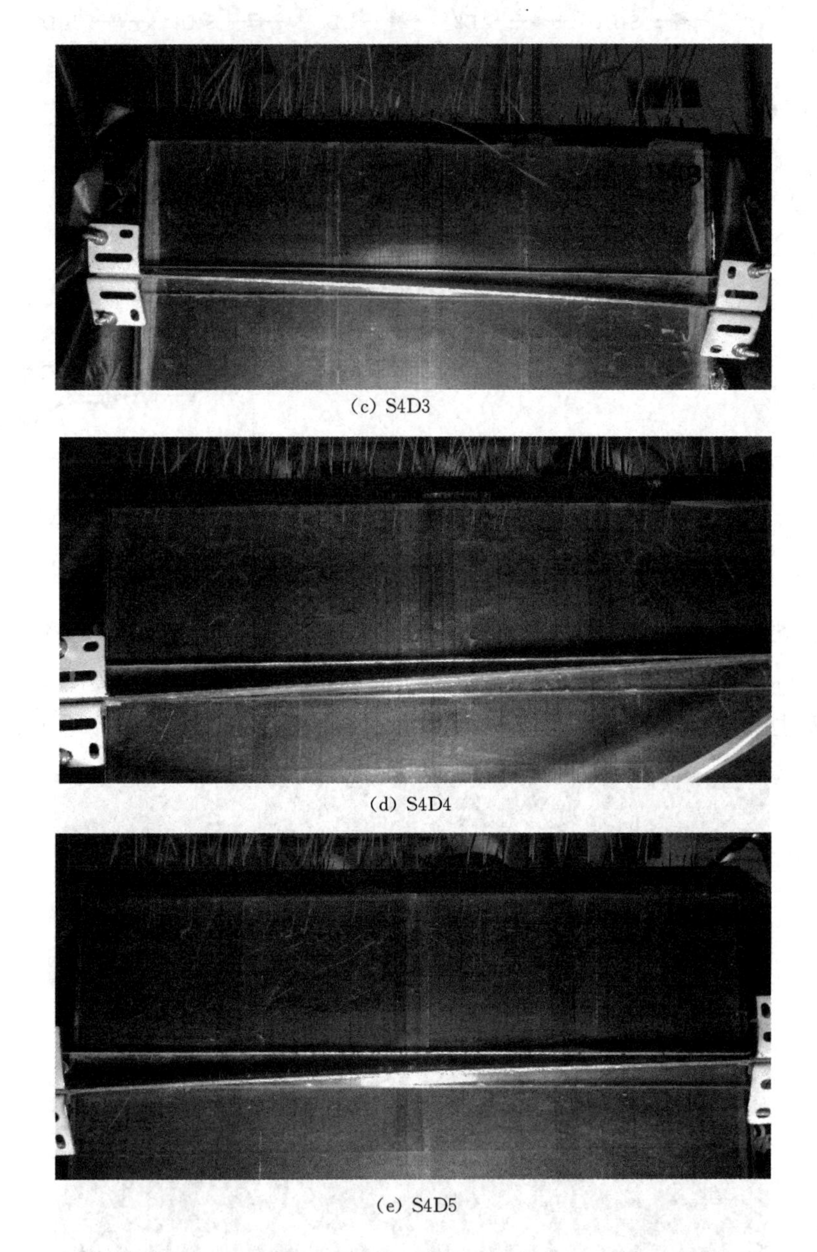

(c) S4D3

(d) S4D4

(e) S4D5

图 4.20（二）　毛管埋设深度处理侧壁根系分布情况

低土壤含水量可以促进春小麦根系的生长发育。这个结果与之前 Plaut 等的研究结果相同。不过和 Rubens 等的研究结果不同，Rubens 等的研究结果显示，低的土壤含水量抑制根系的生长。这是由于 Rubens 等在控制灌溉时是等到叶子发蔫之后才在第二天早上才开始灌溉，所以其土壤含水量比本次试验土壤含水量要小。从这里也可以看到，适宜的减小土壤含水量可以促进植物根系的生长，而土壤含水量的过度减小反而会抑制根系的生长。

图 4.21 为毛管埋设深度处理根干重分布情况。在取根系时发现，当土壤深度大于 80cm 之后，根系就非常少了，因此本次试验只统计了 0～80cm 内的小麦根系分布。在 5 个处理中，随着土壤深度的增加根干重密度都是逐渐减小。并且，79%以上的根系分布在 0～40cm 以内的土层内，50%以上的根系分布在 0～20cm 以内的土层内。这个结果与 Plaut 等、李等和余等的研究结果类似。

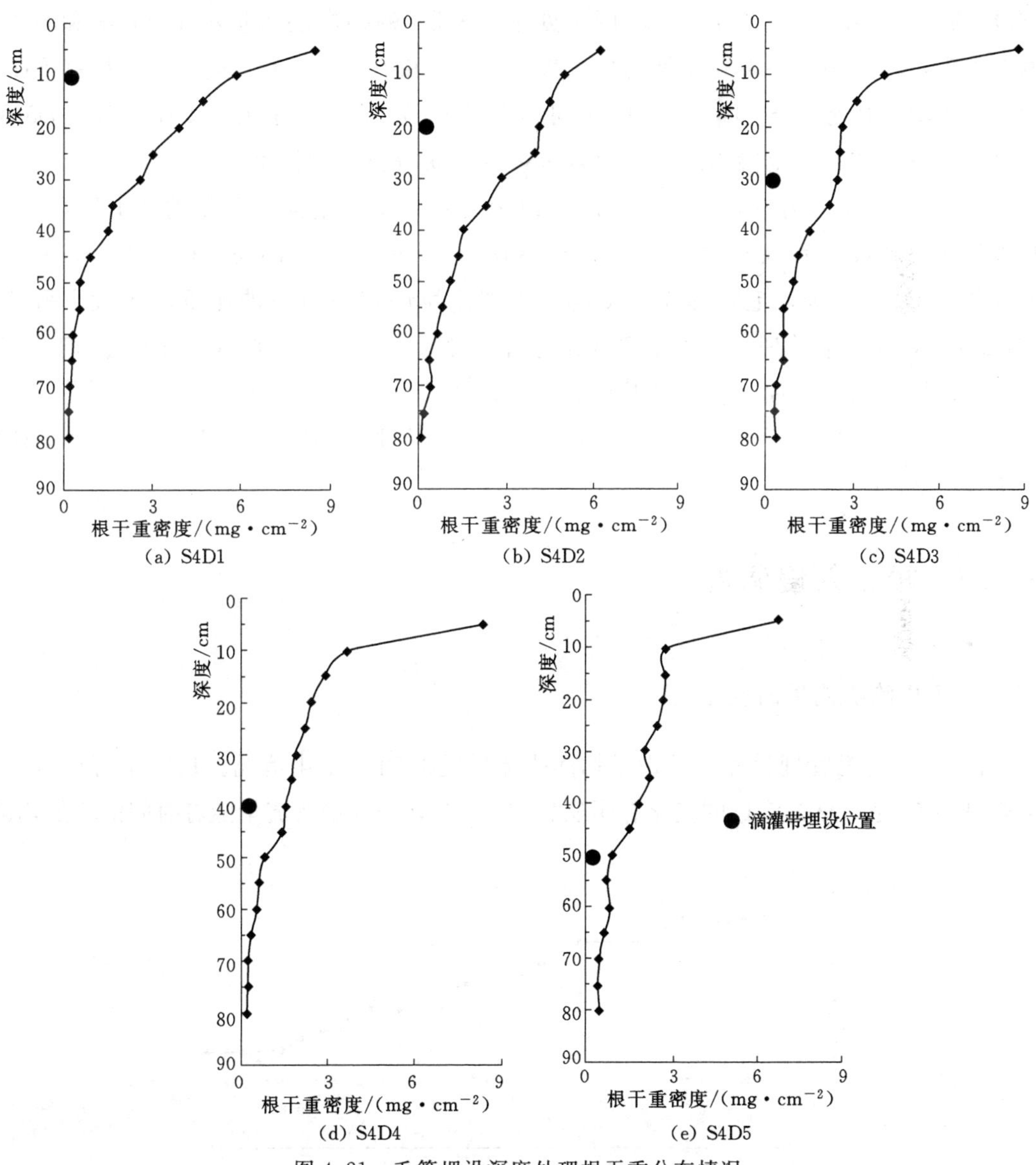

图 4.21 毛管埋设深度处理根干重分布情况

在 0～80cm 的土层内 5 个处理 S4D1、S4D2、S4D3、S4D4、S4D5 的总根重分别为 31.49g、31.83g、29.15g、26.34g、26.38g，即 S4D2 > S4D1 > S4D3 > S4D4 ≈

S4D5。这是由于初次灌水量和毛管埋设深度的差异造成的。由表2.3知道，S4D1、S4D2两个处理的初次灌水量较少，连个处理的初始土壤含水量较小且S4D1＜S4D2，使得根系的发育初期两个处理的根系发育最快S4D1＞S4D2，之后灌溉开始，由于毛管埋设深度的差异造成S4D2灌水量小于S4D1，之后S4D2根系发育大于S4D1，总根重S4D2＞S4D1。S4D3的初次灌水量大于S4D2和S4D1，所以根系在发育初期的生长小于S4D2和S4D1两个处理，之后控制S4D3根区的土壤基质势和S4D1相同，所以S4D3的总根重小于S4D2和S4D1两个处理。S4D3的初次灌水量小于S4D4和S4D5两个处理，所以根系在发育初期的生长大于S4D4和S4D5两个处理，之后控制S4D3根区的土壤基质势和S4D4和S4D5相同，所以S4D3的总根重大于S4D4和S4D5两个处理。可见在一定范围内降低土壤含水量可以获得较大的根重。

从图4.21中还可以看到，毛管的埋设深度对根系在垂向上分布的影响明显，毛管埋设深度越浅根系在垂向上的分布越不均匀。0～40cm内的根重S4D1＞S4D2＞S4D3＞S4D4＞S4D5，毛管埋设深度越小表层土壤中根系所占的比重就越大。另外，S4D2和S4D3两个处理，根干重密度在毛管埋设深度处附近的减小率与上层和下层有明显的区别，两个处理在滴头附近有根系的聚集。

根据上面结果分析，很显然5个处理滴头附近的根系密度为S4D1＞S4D2＞S4D3＞S4D4＞S4D5。

4.2.4 根系入侵调查

1. 平均滴头流量的变化

图4.22为毛管埋设深度处理平均滴头流量随时间的变化情况。从图中可以看到，毛管埋设深度对滴头流量的变化有明显影响。5个处理的滴头流量随着时间的增加均减

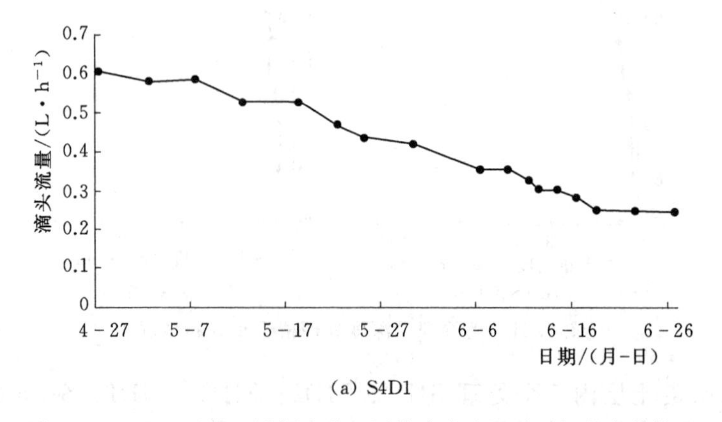

(a) S4D1

图4.22（一） 毛管埋设深度处理平均滴头流量随时间的变化情况

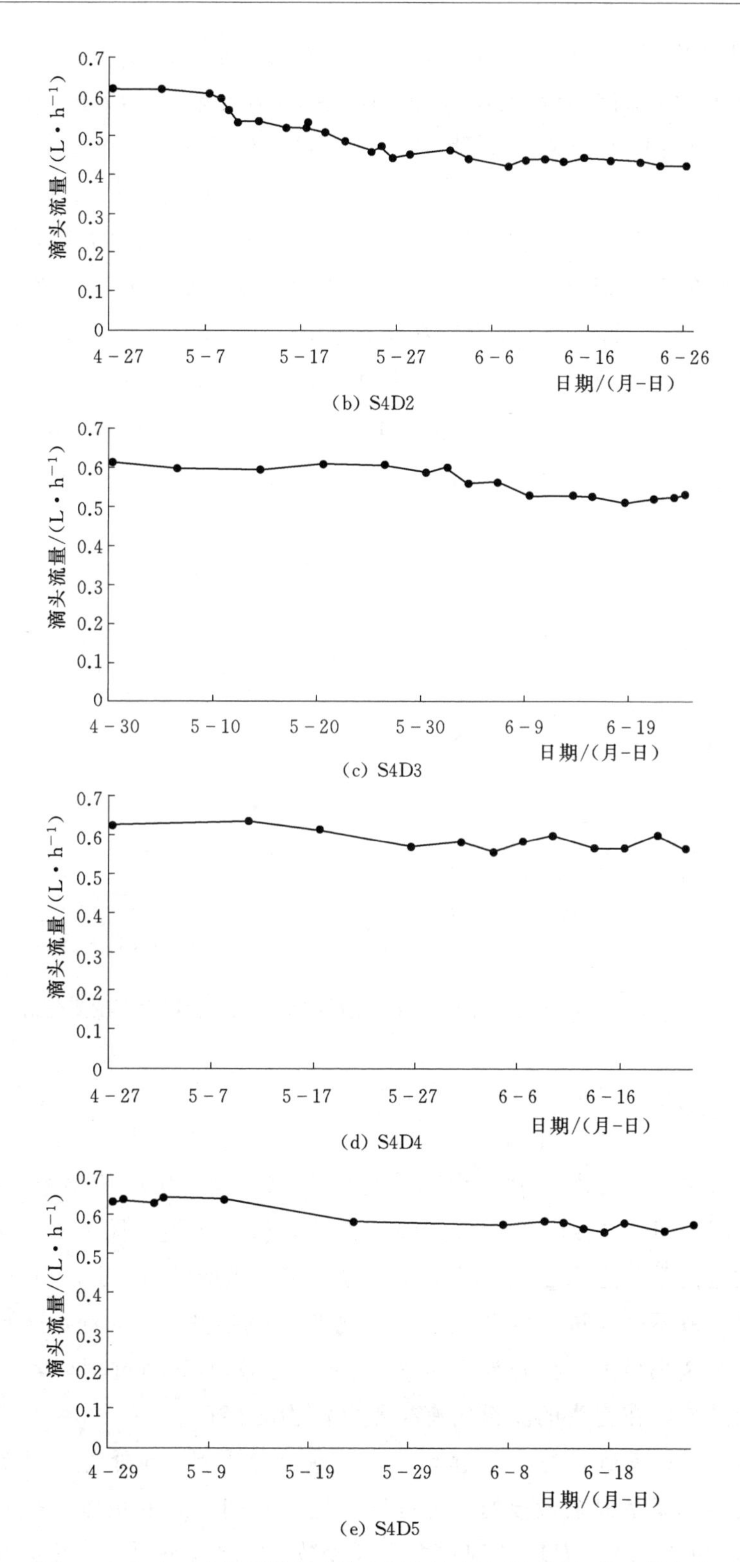

图 4.22（二） 毛管埋设深度处理平均滴头流量随时间的变化情况

小。S4D1 处理平均滴头流量的变化最大。平均滴头流量的减小主要发生在 6 月 18 日之前。S4D2 处理平均滴头流量的比 S4D1 小。平均滴头流量的减小主要发生在 6 月 6 日之前。6 月 6 日之后的流量基本没有变化。S4D3 处理平均滴头流量的比 S4D2 小。平均滴头流量的减小主要发生在 6 月 9 日之前。6 月 9 日之后的流量基本没有变化。S4D4 和 S4D5 处理平均滴头流量的比 S4D3 小。两个处理的变化类似，平均滴头流量的减小主要发生在 5 月 25 日之前。5 月 25 日之后的流量基本没有变化。

图 4.23 为毛管埋设深度处理平均滴头流量减小率（最终滴头流量除以初始滴头流量）随毛管埋设深度变化情况。5 个处理 S4D1、S4D2、S4D3、S4D4、S4D5 平均滴头流量的减小分别为 58.8%、31.2%、13.58%、9.9%、9.1%，即 S4D1＞S4D2＞S4D3＞S4D4＞S4D5。

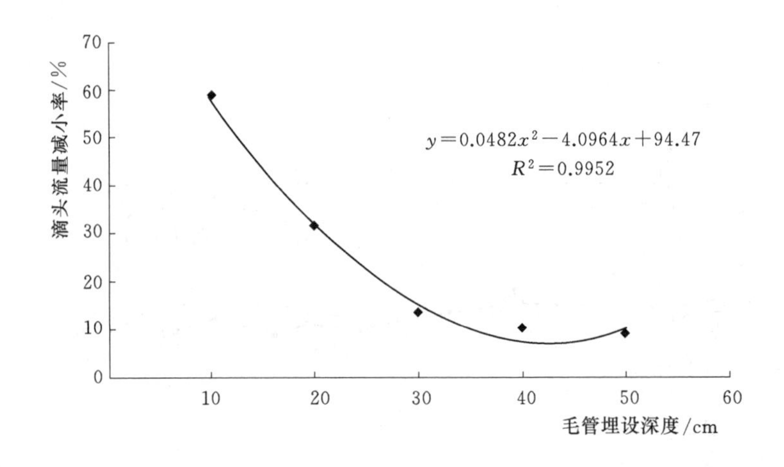

图 4.23 毛管埋设深度处理平均滴头流量减小率随毛管埋设深度变化情况

2. 根系入侵统计

在小麦收获之后，将所有的滴头剖开之后进行了根系入侵的调查。图 4.24 为滴头剖面图。从图中可以看到，图 4.24（a）为没有根系入侵；图 4.24（b）为发生了根系入侵，但是根系只进入了滴头出口，未进入滴头的流道；图 4.24（c）为发生了根系入侵，并且根系已经进入滴头的流道。很显然发生图 4.24（c）所示类型根系入侵时，滴头流量减小最大。另外如图 4.24 所示，在滴头解剖过程中，发现滴头出口有少量土壤的进入，在滴头的流道内有少量沉淀物的存在。

从表 4.3 中可以看到，每个处理有 9 个滴头。除了 S4D5 处理，每个处理中均有根系入侵的发生，但是根系入侵的严重程度和比率不同。总的根系入侵数量随着毛管埋设深度的增加而减小，S4D5 处理的根系入侵数量和比率最小。5 个处理的滴头总入侵个数和根系入侵率（每个处理发生根系入侵的滴头数量/每个处理滴头总数量）符

(a) 无根系入侵

(b) 根系入侵进入滴头出口

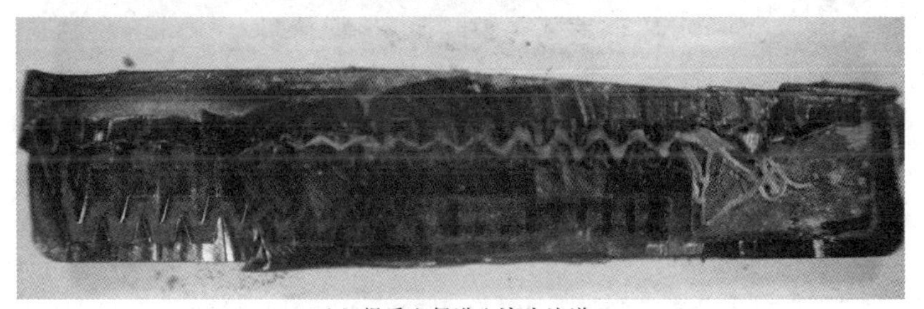

(c) 根系入侵进入滴头流道

图 4.24 滴头剖面图

合下面的规律：S4D1＞S4D2＞S4D3＞S4D4＞S4D5。

表 4.3 **滴头解剖统计表**

处理编号		S4D1	S4D2	S4D3	S4D4	S4D5
解剖数/个		9	9	9	9	9
根系入侵数/个	类型 b	1	1	1	2	0
	类型 c	7	6	3	0	0
	总计	8	7	4	2	0
根系入侵率/%		88.88	77.77	44.44	22.22	0

结合前面分析结果可以看到：①植物根长密度随着土壤深度的增加而增加；②由于 5 个处理小麦根系发育生长初期土壤水分状况的差异，造成不同处理根系生长速率随着毛管埋设深度的增加而降低。在这两方面的共同影响下，使得毛管滴头附近的根长密度 S4D1＞S4D2＞S4D3＞S4D4＞S4D5，从而导致根系入侵率 S4D1＞S4D2＞S4D3＞S4D4＞S4D5。这个结果和 Sánchez 和 Lamm 的研究结果相同。

结合滴头流量的变化可以发现，根系入侵和滴头流量密切相关。通过对滴灌带的挖掘和解剖可以判断，根系入侵是本试验滴头流量减小的主要因素。对比滴头流量的变化和根系入侵统计，根系入侵越严重，滴头流量减小越多。

4.2.5 毛管埋设深度对春小麦生长、产量及水分利用效率的影响

图4.25为小麦叶绿素含量随毛管埋设深度的变化情况。从图中可以看到，叶绿素含量先随毛管埋设深度的增加而增加，在毛管埋设深度为30cm时达到最大，之后随着土壤基质势的增加而降低。5个处理的差异不大。

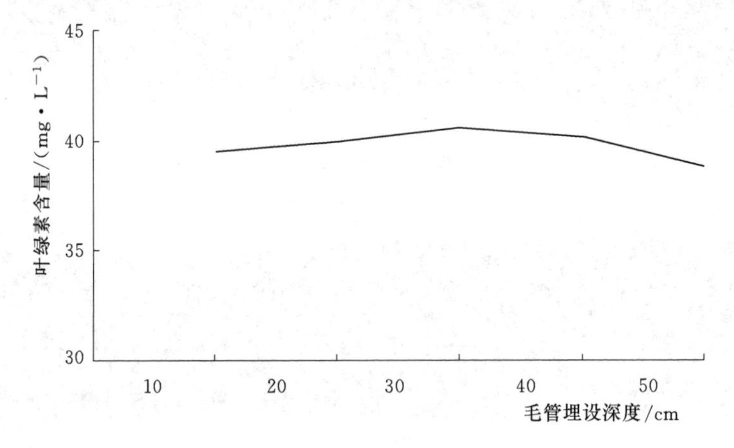

图4.25 小麦叶绿素含量随毛管埋设深度变化情况

图4.26为不同毛管埋设深度条件下株高的变化过程。从图中可以看到，在春小麦生育期各处理的株高变化有较明显差异。4月23日之前，各处理的株高S4D3≈

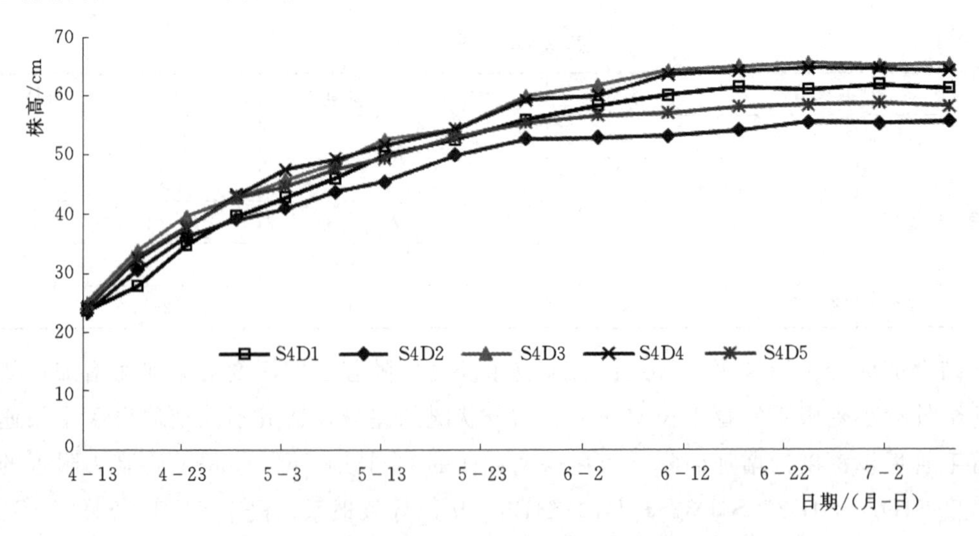

图4.26 不同毛管埋设深度条件下株高的变化过程

S4D4≈S4D5＞S4D2＞S4D1，这主要是由于播种之前灌水量的差异造成的。4 月 23 日之后各处理陆续开始灌溉，灌溉控制对株高的变化起主导作用，所以 S4D3≈S4D4＞S4D1＞S4D5＞S4D2。

图 4.27 为地上收获干物质质量随毛管埋设深度的变化情况。从图中可以看到，不同毛管埋设深度对地上收获干物质重量有较大影响。干物质质量先随毛管埋设深度的增加而降低，在毛管埋设深度为 20cm 时达到最小，之后随毛管埋设深度的增加而增加，在毛管埋设深度为 20cm 时达到最大，最后又随毛管埋设深度的增加而降低。

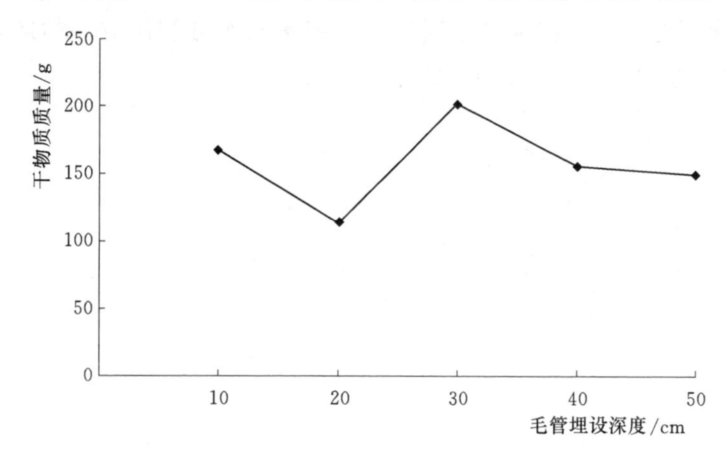

图 4.27 地上收获干物质质量随毛管埋设深度的变化情况

表 4.4 为不同毛管埋设深度条件下小麦的相对产量、千粒重、耗水量和水分利用效率统计表。本次统计均采用相对值，相对值＝各处理数值/统计数据中的最大值。试验结果发现，毛管埋设深度对小麦各项指标有明显影响，从表中可以看到，S4D3 处理的产量最高，S4D1、S4D4、S4D2 和 S4D5 处理的产量依次递减。S4D2 处理的千粒重最高，S4D1、S4D3、S4D4 和 S4D5 处理的产量依次递减。S4D3 处理的耗水量最高，S4D5、S4D1、S4D4 和 S4D2 处理的产量依次递减。S4D3 处理的水分利用效率最高，S4D1、S4D2、S4D4 和 S4D5 处理的产量依次递减。

表 4.4 不同毛管埋设深度条件下小麦的相对产量、千粒重、耗水量和水分利用效率统计表 %

处理编号	S4D1	S4D2	S4D3	S4D4	S4D5
相对产量	78.80	41.74	100	55.52	41.60
相对千粒重	93.17	100	90.49	89.08	76.01
相对耗水量	89.08	54.56	100	82.07	90.22
相对水分利用效率	88.46	76.50	100	67.64	46.11

4.2.6 小结

(1) 播种前的初始土壤水分条件可以明显影响根系的生长，适度的水分匮缺可以促进根系的生长发育。

（2）控制滴头正上方、正下方或旁边，地表以下20cm深度处的土壤基质势控制灌溉时，毛管的埋设深度可以明显的影响小麦根系分布，毛管埋设深度越大，0～40cm土层内的根系含量随越大。在5个处理中滴头附近根密度S4D1＞S4D2＞S4D3＞S4D4＞S4D5。

（3）地下滴灌毛管埋设深度可以影响根系入侵，根系入侵率随毛管埋设深度的增加而减小，当毛管埋设深度为50cm时未发现根系入侵。

（4）地下滴灌毛管埋设深度对小麦生长、产量及水分利用效率的影响明显，在5个处理中，S4D3处理在各方面表现都最优。

第5章

地下滴灌控制技术与系统

5.1 合适系统运行水头的确定

灌溉系统运行过程中，合适水头主要取决于滴头流量与土壤入渗的匹配。滴头流量是滴灌系统设计中的一项重要参数，是整个地下滴灌系统安全、经济、稳定运行的重要条件，滴头流量过大，所需运行水头必然较大，影响系统运行的经济性，并且滴头流量大于土壤入渗能力，水来不及入渗到周围土壤中，会在滴头附近形成一个正压区。正压区的出现：①会影响滴头流量，从而影响对灌水器的精确控制；②此时在毛管附近由于土壤含水量非常大，土壤呈现泥浆状，会引起毛管的“上浮”，从而使毛管偏离原来埋设的位置。滴头流量过小，则灌水时间过长，单个滴头控制范围缩小，影响滴灌系统的经济性。因此，如何准确快速地确定地下滴灌系统运行的合适水头是其经济运行的一个重要因素。

准确快速地确定地下滴灌系统运行的合适水头是地下滴灌系统安全经济运行的一个重要因素，合适运行水头的确定，首先设计一个可以变水头供水的便携式供水装置，之后应用该装置进行试验，用不同水头对毛管供水，从而探寻与土壤的入渗率相匹配的合适水头和灌水器流量。

合适运行水头的确定采用不同水头为毛管供水，从而探寻一个合适的水头与滴头流量。在试验过程中利用压力测量装置实时检测滴头处的压力，通过调节供水装置的高度来调节滴头流量，从而使滴头处的压力值由正压减小到零，当滴头处的压力值为零时，滴头的流量正好与土壤的入渗能力相匹配，此时的滴头流量就是所需滴头流量值，试验装置示意图如图 5.1 所示。

快速确定地下滴灌滴头流量的装置包括滴灌带、压力测量装置、供水压力可变的稳定水头供水装置，供水装置包括升降架、马氏瓶，马氏瓶设置在升降架上并随升降架一起升降。升降架包括底座、电机、升降平台，底座上设置有桁架，电机设置在桁架顶部的中心，升降平台上设置有钢丝绳，钢丝绳的顶部与电机的输出轴固定连接，马氏瓶设置在升降平台上并随升降平台一起升降。供水装置的出水口处设置有管道，管道上设置有阀门，滴灌带埋设在土壤内，滴灌带的一端设置有滴头，滴头与滴灌带连通，滴灌带的另一端与管道连通，压力测量装置的测量端埋设在土壤内并与滴头相接触。

该装置利用压力测量装置实时检测滴头处的压力，通过调节供水装置的高度来调节滴头流量，从而使滴头处的压力值由正压减小到零，当滴头处的压力值为零时，滴头的流量正好与土壤的入渗能力相匹配，此时的滴头流量就是所需滴头流量值，可以准确快速地确定地下滴灌系统在不同类型土壤中的所需滴头流量值，结构简单，操作

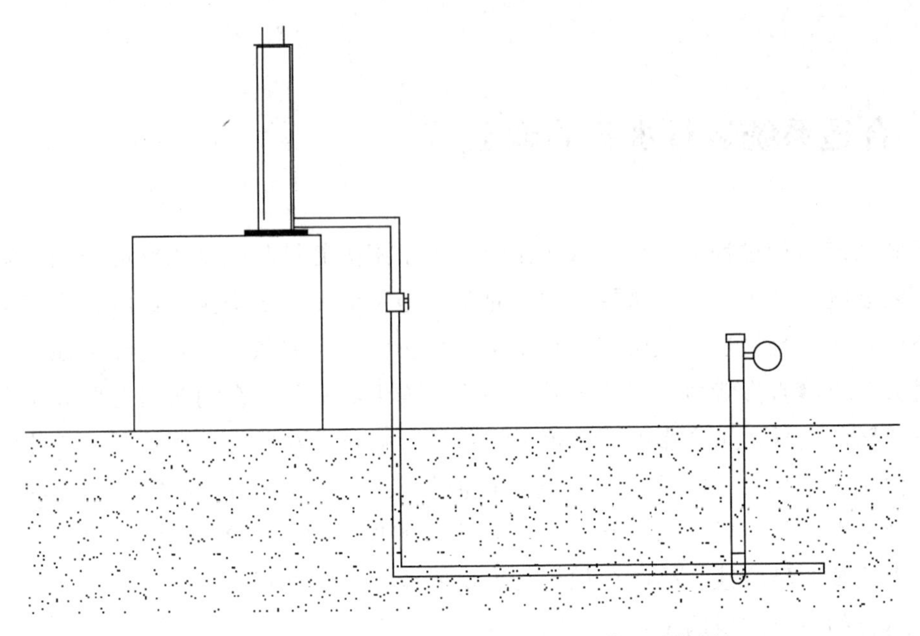

图 5.1　快速确定地下滴灌滴头流量的装置示意图

方便快捷，不会出现滴头流量过大而形成正压区的现象，也可以避免滴头流量过小导致灌水时间过长和单个滴头控制范围缩小情况的发生，不会影响滴灌系统的经济性，节约成本。

5.2　地下滴灌控制技术

在我国的农业生产过程中，灌溉工作大部分都是由人工来完成的，种植者根据经验判断土壤的含水状态，含水量低时进行灌溉，这种灌溉方式存在很大的误差，种植者无法精确地知道土壤的含水量，不能精确控制给水量，影响植物的生长。随着科技的发展和社会的进步，越来越多的自动灌溉装置应用到农业生产中，公知的自动灌溉装置通常由传感装置实时监测田间土壤墒情信息，并将土壤墒情信息传输至控制器，由控制器进行灌溉决策。公知的自动灌溉方法一般包括两种控制方式：①通过预先设定的时间进行灌溉控制，当灌水时间达到预先设定的时间时，灌溉结束，这种控制方式，可以保证每次灌溉的灌水量一致，但作物在生育期内各个阶段的耗水量不同，再加上天气等因素的影响，若前期土壤中消耗的水量比较多时，由于土壤含水量低，根据预先设定的时间进行灌溉，往往出现土壤的湿润深度和范围不够，灌水量不能满足作物生长的需要；②通过埋设两个传感器，分别监测作物根系的上层和根系下层的土壤墒情，无论哪一个传感器低于预先设定的参数时，都开始灌溉，当深浅两支传感器范围内的土壤墒情均达到设定参数时，灌溉停止，该方法一定程度上保证了土壤的湿润深度，但灌溉水在土壤中的运移需要一定的时间，并且由于不同类型土壤导水率和入渗系数不一样，灌溉水在不同土壤中的运移时间也不同，所以利用这种方法进行灌溉控制，一定程度上影响了灌水量的精确控制。

本研究为了克服现有技术的缺陷，设计了一种灌溉自动控制装置及该控制装置的控制方法，结构简单，使用方便，能够精确控制灌水量，更好地满足作物的生长需求。

5.2.1 系统构成及功能

图 5.2 为本研究采用的灌溉自动控制装置结构示意图。电磁阀作用在于收到控制器信号可以控制灌溉的开始与结束；土壤墒情监测装置用于检测土壤墒情，判断；传感装置可以将土壤墒情转变为电信号传输至控制器；控制器主要通过设定的程序，依据传感器传来的土壤墒情信号控制灌溉；压力传输管可将土壤墒情传输至传感器。

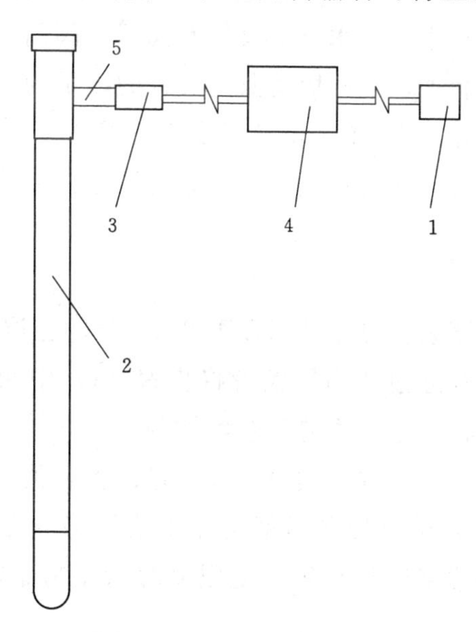

图 5.2 灌溉自动控制装置结构示意图

1—电磁阀；2—土壤墒情监测装置；3—传感装置；4—控制器；5—压力传输管

5.2.2 性能及应用效果

1. 实例 1

灌溉自动控制装置包括水管，水管上设置有阀门。阀门为电磁阀，增设土壤墒情监测装置、传感装置、控制器，土壤墒情监测装置的数量为一个，土壤墒情监测装置的下端埋设在土壤内，土壤墒情监测装置埋设于毛管水平距离 0、深度为 20cm 处，土壤墒情监测装置的上端通过压力传输管与传感装置连接，传感装置和电磁阀都与控制器电连接。

控制方法包括以下步骤：

（1）利用土壤墒情监测装置测量地面以下 20cm 处的土壤基质势。

（2）土壤墒情监测装置通过压力传输管将步骤中测量到的土壤基质势传输给传感装置，传感装置再将土壤基质势传输给控制器。

（3）控制器将收到的土壤基质势与设定好的上限值和下限值进行比较，当土壤基质势低于下限值时，控制器输出信号将电磁阀打开，水管内的水流出，开始灌溉，当土壤基质势等于上限值时，控制器输出信号将电磁阀关闭，停止灌溉。

2. 实例 2

灌溉自动控制装置包括水管，水管上设置有阀门，阀门为电磁阀，增设土壤墒情监测装置、传感装置、控制器，土壤墒情监测装置的数量为两个，土壤墒情监测装置的下端埋设在土壤内，土壤墒情监测装置埋设于毛管水平距离 0、深度为 20cm 处，土壤墒情监测装置的上端通过压力传输管与传感装置连接，传感装置和电磁阀都与控制器电连接。

控制方法包括以下步骤：

（1）利用土壤墒情监测装置测量地面以下 20cm 处的土壤基质势。

（2）土壤墒情监测装置通过压力传输管将步骤（1）中测量到的土壤基质势传输给传感装置，传感装置再将土壤基质势传输给控制器。

（3）控制器将收到的两个土壤基质势与设定好的上限值和下限值进行比较，只要有一个土壤基质势低于下限值，控制器就会输出信号将电磁阀打开，水管内的水流出，开始灌溉，当两个土壤基质势都等于上限值时，控制器输出信号将电磁阀关闭，停止灌溉。

这种灌溉控制技术与装置利用土壤墒情监测装置可以实时监测毛管水平距离 0、深度为 20cm 处的土壤基质势，并通过压力传输管将测量到的土壤基质势传输给传感装置，传感装置再将土壤基质势传输给控制器，控制器将监测到的土壤基质势与设定好的上限值和下限值进行比较，低于下限值时打开电磁阀进行灌溉，等于上限值时关闭电磁阀停止灌溉，可以根据作物在生育期内各个阶段的耗水量不同，及时补充所需的水分，避免出现土壤的湿润深度和范围不够、灌水量不能满足作物生长需要的现象，可以精确控制灌水量。另外，不同作物的需水量不同，通过调节上限值和下限值，可以满足不同作物的使用需求。

第6章

结　论

本书通过大田试验和室内试验，在控制滴头正下方、正上方或者附近，距地表20cm深度处土壤基质势制订灌溉计划，研究结果很好地反映了作物生长状况的地下滴灌土壤水分监测方法与装置，以及在此种控制条件下不同土壤基质势和毛管埋设深度对地下滴灌的影响。主要结论如下：

（1）当严格按照土壤入渗率和横向扩散率确定灌水器的流量后，当发现同地表滴灌一样，控制灌水器正下方、正上方或者附近距离地表20cm深度处的土壤基质势，可以有效控制作物（无论是深根系作物番茄，还是浅根系作物马铃薯）根系分布范围内平均土壤水分状况；作物的生长、产量、水分利用效率和灌溉水分利用效率与该点土壤基质势关系密切，例如番茄、马铃薯在土壤基质势为－30kPa时的效果最好；从而提出了针对地下滴灌采用负压计监测土壤基质势、确定灌水时间的地下滴灌灌溉管理新方法。

（2）当毛管浅埋（通常埋设深度在10～20cm）时，无论灌溉频率多高（无论灌水器正下方或者附近距离地表20cm深度处土壤基质势下限控制多高），均无法控制根系入侵，该情况建议采用一次性滴灌带、种植一年生作物或者种植生长年限少于3年的植物（例如一些牧草）；当毛管埋设深度在30cm以下时，当灌水器正上方距离地表20cm深度处土壤基质势下限控制在－40kPa，可以防止根系入侵，并且获得较高的产量和灌溉水分利用效率，例如小麦土壤基质势下限控制在－40kPa，根系入侵减少30%以上，产量提高10%以上，对于其他作物还需要做试验；从而提出了防止根系入侵的地下滴灌灌溉控制方法。

参 考 文 献

［1］ 陈雷. 集思广益把我国节水灌溉推向新阶段［M］. 北京：中国农业出版社，1998.

［2］ 水利部国际合作司，水利部农村水利司，中国灌排技术开发公司，水利部农田灌溉研究所，译. 美国国家灌溉工程手册［M］. 北京：中国水利水电出版社，1998.

［3］ Ayars J E，Fulton A，Taylor B. Subsurface drip irrigation in California - Here to stay［J］. Agricultural Water Management，2015，157：39 - 47.

［4］ Ayars J E，Phene C J，Hutmacher R B，et al. Subsurface drip irrigation of row crops：a review of 15 years of research at the Water Management Research Laboratory［J］. Agricultural Water Management，1999，42（1）：1 - 27.

［5］ Camp C R. Subsurface drip irrigation：a review［J］. Transactions of the ASAE，1998，41（5）：1353.

［6］ 仵峰，宰松梅，丛佩娟. 国内外地下滴灌研究及应用现状［J］. 节水灌溉，2004（1）：25 - 28.

［7］ 李光永. 世界微灌发展态势——第六次国际微灌大会综述与体会［J］. 节水灌溉，2001，2：24 - 26.

［8］ Camp C R. Lamm F R，Evans R G，et al. Subsurface drip irrigation - past，present，and future［J］. National irrigation symposium. Proceedings of the 4th Decennial Symposium. American Society of Agricultural Engineers［C］. 2000：363 - 372.

［9］ Oliver M M H，Hewa G A，Pezzaniti D. Subsurface drip irrigation with reclaimed water：issues we must think now［J］. Wit Transactions on Ecology & the Environment，2012，168：203 - 212.

［10］ Solomon K H，Jorgensen G. Subsurface drip irrigation［J］. Grounds Maintenance，1992，38（6）：1715 - 1721.

［11］ Davis. Subsurface drip irrigation - how soon a reality［J］. Agricultural Engineering，1967，48（11）：654 - 655.

［12］ Vaziri C M，Gibson W. Subsurface and drip irrigation for Hawaiian sugarcane［J］. Rep Hawaii Sugar Technol Annu Con，1972，

13 (1): 1-11.

[13] Braud, H. J. Subsurface drip irrigation in the Southeast [J]. Proc. Nat. Irrig. Symp., St. Joseph, Mich. ASAE, 1970: E1-E9.

[14] Hanson, D. G., B. C. Williams, D. D. Fangmerer, and O. C. Wilke. Influence of Subsurface drip irrigation on crop yields and water use [J]. Proc. Nat. Irrig. Symp., St. Joseph, Mich. ASAE, 1970: D1-D13.

[15] Zetzsche, J. B., Newman. Subirrigation with plastic pipe [J]. Agricultural Engineering, 1966, 47 (1): 74-75.

[16] Goldberg D, Shmueli M. Drip irrigation - a method used under arid and desert conditions of high water and soil salinity [J]. Transactions of the ASAE, 1970, 13 (1): 38-41.

[17] Brown M J, Bondurant J A, Brockway C E. Subsurface trickle irrigation management with multiple cropping [J]. Transactions of the ASAE, 1981, 24 (6): 1482-1489.

[18] Chase R G. Subsurface trickle irrigation in a continuous cropping system [J]. Wit Transactions on Ecology and the Environment, 1985, 17 (17): 122-136.

[19] Mitchell W H. Subsurface Irrigation and Fertilization of Field Corn Ⅰ [J]. Agronomy Journal, 1981, 73 (6): 913-916.

[20] Plaut Z, Rom M, Meiri A. Cotton response to subsurface trickle irrigation [J]. Agricultural Water Management, 1985, 12 (1): 22-38.

[21] Rose J L, Chavez R L, Phene C J, et al. Subsurface drip irrigation of processing tomatoes [J]. American Society of Civil Engineers, 1982.

[22] Sammis T W. Comparison of Sprinkler, Trickle, Subsurface, and Furrow Irrigation Methods for Row Crops [J]. Agronomy Journal, 1980, 72 (5): 701-704.

[23] Wendt C W, Onken A B, Wilke O C, et al. Effect of Irrigation Systems on the Water Requirements of Sweet Corn [J]. Soil Science Society of America Journal, 1977, 41 (4): 785-788.

[24] Martínez-Gimeno M A, Bonet L, Provenzano G, et al. Assessment of yield and water productivity of clementine trees under surface and subsurface drip irrigation [J]. Agricultural Water Management, 2018, 206: 209-216.

[25] Paris P, Di Matteo G, Tarchi M, et al. Precision subsurface drip irrigation increases yield while sustaining water-use efficiency in

Mediterranean poplar bioenergy plantations [J]. Forest Ecology and Management, 2018, 409: 749-756.

[26] 岳兵. 渗灌技术存在问题与建议 [J]. 灌溉排水, 1997, 16 (2): 40-44.

[27] 岳兵. 渗灌由来现状与技术问题解决途径浅析//第四次全国微灌学术研讨会 [C]. 1996: 15-19.

[28] 窦超银, 孟维忠, 佟威, 等. 风沙土玉米地下滴灌毛管适宜埋深试验研究 [J]. 人民黄河, 2018, 40 (5): 153-156.

[29] 刘杨, 黄修桥, 冯俊杰, 等. 地下滴灌毛管水头偏差率特性及与土壤水分均匀度的关系 [J]. 农业工程学报, 2017, 33 (14): 108-114.

[30] 孙三民, 安巧霞, 杨培岭, 等. 间接地下滴灌灌溉深度对枣树根系和水分的影响 [J]. 农业机械学报, 2016, 47 (8): 81-90.

[31] 仵峰, 宰松梅, 徐建新, 等. 地下滴灌的应用模式与启示 [J]. 华北水利水电大学学报: 自然科学版, 2016, 37 (3): 19-22.

[32] 殷艳. 新疆棉花地下滴灌技术的应用 [J]. 吉林农业, 2017 (23): 69-69.

[33] 关小康, 杨明达, 白田田, 等. 适宜深播提高地下滴灌夏玉米出苗率促进苗期生长 [J]. 农业工程学报, 2016, 32 (13): 75-80.

[34] 何华, 康绍忠, 曹红霞. 地下滴灌埋管深度对冬小麦根冠生长及水分利用效率的影响 [J]. 农业工程学报, 2001, 17 (6): 31-33.

[35] 孟季蒙, 李卫军. 地下滴灌对苜蓿的生长发育与种子产量的影响 [J]. 草业学报, 2012, 21 (1): 291-295.

[36] 孙俊环, 龚时宏, 李光永, 等. 地下滴灌不同土壤水分下限对番茄生长发育及产量的影响 [J]. 灌溉排水学报, 2006, 25 (3): 17-20.

[37] 李云开, 周博, 杨培岭. 滴灌系统灌水器堵塞机理与控制方法研究进展 [J]. 水利学报, 2018, 49 (1): 103-114.

[38] Lamm F R. Cotton, tomato, corn, and onion production with subsurface drip irrigation: A review [J]. Transactions of the ASABE, 2016, 59 (1): 263-278.

[39] Suarez-Rey E, Choi C Y, Waller P M, et al. Comparison of subsurface drip irrigation and sprinkler irrigation for Bermuda grass turf in Arizona [J]. Transactions of the ASAE, 2000, 43 (3): 631.

[40] Rubens D C, Luis F F. Comparing drippers for root intrusion in subsurface drip irrigation applied to citrus and coffee crops// Proceedings

of ASAE AnnualInternational Meeting [C]. Lasvegas Nevada, USA, 2003: 404.

[41] Ruskin R. subsurface drip irrigation for turf. Proceedings of the Fifteenth International irrigation Exposition and Conference [C]. 1994.

[42] 于颖多，龚时宏，栗岩峰，等. 番茄地下滴灌施药对根系分布的调控效应试验研究 [J]. 水利学报，2006，37 (8)：996-999.

[43] 于颖多，龚时宏，王建东，王迪. 冬小麦地下滴灌氟乐灵注入制度对根系生长及作物产量影响的试验研究 [J]. 水利学报，2008 (4)：454-459.

[44] Pizarro Cabello F. Riegos localizados de alta frecuencia (RLAT) goteo, microaspersión exudación/por, Fernando Pizarro Cabello [C]. Revista Espa De Cardiologia, 1996, 54 (3): 261-268.

[45] 王荣莲，龚时宏，于健，等. 地下滴灌抗根系入侵堵塞的研究进展 [J]. 节水灌溉，2012 (1)：61-63.

[46] 王荣莲，龚时宏，于健，等. 地下滴灌系统施加氟乐灵对缓解根系入侵滴头的试验研究 [J]. 节水灌溉，2012 (10)：41-44.

[47] Solomon, Jorgensen. Subsurface drip irrigation [J]. Grounds Maintenance, 1992, 38 (6): 1715-1721.

[48] Hillel D. Introduction to environmental soil physics [J]. Irrig. Sci, 2003, 12: 167-186.

[49] Hanson B R, May D M, Schwankl L J. Effect of irrigation frequency on subsurface drip irrigated vegetables [J]. HortTechnology, 2003, 13 (1): 115-120.

[50] Caldwell D S, Spurgeon W E, Manges H L. Frequency of irrigation for subsurface drip-irrigated corn [J]. Transactions of the ASAE, 1994, 37 (4): 1099-1103.

[51] Douh B, Boujelben A, Khila S, et al. Effect of subsurface drip irrigation system depth on soil water content distribution at different depths and different times after irrigation [J]. Larhyss Journal, 2013 (13): 1112-3680.

[52] Bern C R, Boehlke A R, Engle M A, et al. Shallow groundwater and soil chemistry response to 3 years of subsurface drip irrigation using coalbed-methane-produced water [J]. Hydrogeology Journal, 2013, 21 (8): 1803-1820.

[53] Jones H G. Irrigation scheduling: advantages and pitfalls of plant-based methods [J]. Journal of experimental botany, 2004,

55 (407): 2427 - 2436.

[54] 康银红，马孝义，李娟，等. 地下滴渗灌灌水技术研究进展 [J]. 灌溉排水学报，2007，26 (6): 34 - 40.

[55] O'Shaughnessy S A, Evett S R. Canopy temperature based system effectively schedules and controls center pivot irrigation of cotton [J]. Agricultural Water Management, 2010, 97 (9): 1310 - 1316.

[56] Mercier V, Bussi C, Lescourret F, et al. Effects of different irrigation regimes applied during the final stage of rapid growth on an early maturing peach cultivar [J]. Irrigation Science, 2009, 27 (4): 297 - 306.

[57] Moriana A, Girón I F, Martín - Palomo M J, et al. New approach for olive trees irrigation scheduling using trunk diameter sensors [J]. Agricultural Water Management, 2010, 97 (11): 1822 - 1828.

[58] 康跃虎. 实用型滴灌灌溉计划制定方法 [J]. 节水灌溉，2004，3 (3): 5 - 8.

[59] Hodnett M G, Bell J P, Koon P D A, et al. The control of drip irrigation of sugarcane using "index" tensiometers: some comparisons with control by the water budget method [J]. Agricultural Water Management, 1990, 17 (1): 189 - 207.

[60] Shock C C, Wang F X. Soil water tension, a powerful measurement for productivity and stewardship [J]. HortScience, 2011, 46 (2): 178 - 185.

[61] 郭少磊，蒋树芳，万书勤，等. 番茄地下滴灌灌溉制度拟定方法研究 [J]. 中国农村水利水电，2015 (7): 5 - 9.

[62] 郭少磊，蒋树芳，万书勤，等. 马铃薯地下滴灌灌溉计划的拟定方法研究 [J]. 节水灌溉，2015 (8): 11 - 14.

[63] 刘玉春，李久生. 滴灌灌溉计划制定中毛管埋深对负压计布置方式的影响 [J]. 农业工程学报，2010 (4): 18 - 24.

[64] Irmak S, Specht J E, Odhiambo L O, et al. Soybean yield, evapotranspiration, water productivity, and soil water extraction response to subsurface drip irrigation and fertigation [J]. Transactions of the ASABE, 2014, 57 (3): 729 - 748.

[65] Sharma S P, Leskovar D I, Crosby K M, et al. Root growth, yield, and fruit quality responses of reticulatus and inodorus melons (Cucumis melo L.) to deficit subsurface drip irrigation [J].

Agricultural Water Management，2014，136：75－85.

［66］ Zotarelli L，Rens L，Barret C，et al. Subsurface drip irrigation（SDI）for enhanced water distribution：SDI—Seepage Hybrid System. Univ. Florida，Inst ［J］. Food Agr. Sci.，Electronic Data Info. Source，HS，2013（1217）：15.

［67］ Schwankl L，Grattan S R，Miyao G M. Subsurface drip irrigation of tomatoes：Drip system design，management promote seed emergence ［J］. California Agriculture，1991，45（6）：21－23.

［68］ 王栋，谢永生，田小红，等. 一种地下滴灌防根系入侵的专用滴头的生产工艺. CN101899179A ［P］. 2010.

［69］ 王建东，龚时宏，张亮. 地下滴灌防根系入侵灌水器. CN101124883A ［P］. 2007.

［70］ Ruskin R，Ferguson K R. Protection of subsurface drip irrigation systems from root intrusion ［J］. 19th Annual Irrigation Assoc. Int l st. Tech. Conf，1998：41－48.

［71］ Van Voris P，Cataldo D A，Ruskin R. Protection of buried drip irrigation devices from root intrusion through slow－release herbicides ［C］. Microirrigation Congress，1988.

［72］ Gerstl Z. A study to compare the release of Trifluralin into irrigation systems for the purpose of root intrusion prevention ［J］. Agricultural Water Management，2004，67（5）：623－630.

［73］ Van der Gulik，Ted W. B C. Trickle irrigation manual. B C. Ministry of Agric. and Fisheries ［M］. Agricultural Engineering Branch，Canada，1987.

［74］ Yu Y，Shihong G，Xu D，et al. Effects of Treflan injection on winter wheat growth and root clogging of subsurface drippers ［J］. Agricultural water management，2010，97（5）：723－730.

［75］ Wuertz H，Tollefson S. Subsurface drip irrigation on Sundance Farms ［J］. Ltd. Proceed Subsurface Drip irrigation，1993：83－95.

［76］ Mead R. Chemicals needed in Subsurface drip irrigation to prevent root intrusion ［EB/OL］. http：// www. Micro irrigation forum. com/new/arvhives.

［77］ Lamm F R. Unique challenges with subsurface drip irrigation // 2009. American Society of Agricultural and Biological Engineers ［C］. 2009：1.

［78］ Sánchez C C. Riego por goteo subterráneo en olivar，vip underground

[J]. Fruticultura profesional, 1996 (77): 18-32.

[79] Schwankl L J, Hanson L R. Surface drip irrigation [J]. Developments in Agricultural Engineering. Elsevier, 2007, 13: 431-472.

[80] Hanson B, Schwankl L, Grattan S R, et al. Drip irrigation for row crops [J]. Cooperative Extension Office, Department of Land, Air and Water Resources, University of California, 1997.

[81] Burt C, Styles S W. Drip and micro irrigation for trees, vines, and row crops: Design and management (with special sections on SDI) [M]. California Polytechnic San Luis Obispo, CA, 1994.

[82] Kang Yaohu, Wang Fengxin, Liu Haijun, et al. Potato evapotranspiration and yield under different drip irrigation regimes [J]. Irrigation Science, 2004, 23: 133-143.

[83] Kang Yaohu, Wan Shuqin. Effect of soil water potential on radish (Raphanus sativus L.) growth and water use under drip irrigation [J]. Scientia Horticultural, 2005, 106: 275-292.

[84] Wang Dan, Kang Yaohu, Wan Shuqin. Effect of soil matric potential on tomato yield and water use under drip irrigation condition [J]. Agricultural Water Management, 2007, 87: 180-186.

[85] 万书勤，康跃虎，刘士平. 滴灌条件下不同土壤基质势与打顶措施对番茄生长和水分利用的影响 [J]. 灌溉排水学报，2009，28 (2): 1-4.

[86] Plaut Z, Carmi A, Grava A. Cotton root and shoot responses to subsurface drip irrigation and partial wetting of the upper soil profile [J]. Irrigation Science, 1996, 16 (3): 107-113.

[87] Li Q, Dong B, Qiao Y, et al. Root growth, available soil water, and water-use efficiency of winter wheat under different irrigation regimes applied at different growth stages in North China [J]. Agricultural Water Management, 2010, 97 (10): 1676-1682.

[88] Bengough A G, McKenzie B M, Hallett P D, et al. Root elongation, water stress, and mechanical impedance: a review of limiting stresses and beneficial root tip traits [J]. Journal of Experimental Botany, 2011, 62 (1): 59-68.

[89] Iijima M, Kato J, Taniguchi A. Combined soil physical stress of soil drying, anaerobiosis and mechanical impedance to seedling root growth of four crop species [J]. Plant Production Science, 2007, 10 (4): 451-459.

[90] Wang F X, Kang Y, Liu S P. Effects of drip irrigation frequency on soil wetting pattern and potato growth in North China Plain [J]. Agricultural Water Management, 2006, 79 (3): 248-264.

[91] Lamm F R. Cotton, tomato, corn, and onion production with subsurface drip irrigation: A review [J]. Transactions of the ASABE, 2016, 59 (1): 263-278.